XI

 GUAN

 JUE

习惯
决定成败

张艳玲 ◎ 改编

习惯的力量是巨大的
它决定了一个人的思维模式和行动方式

 DING

 CHENG

 BAI

民主与建设出版社

· 北京 ·

© 民主与建设出版社，2021

图书在版编目（CIP）数据

习惯决定成败 / 张艳玲改编 . —北京：民主与建设出版社，2015.9
（2021.4 重印）

ISBN 978-7-5139-0749-1

Ⅰ . ①习… Ⅱ . ①张… Ⅲ . ①习惯性－能力培养－通俗读物 Ⅳ . ① B842.6–49

中国版本图书馆 CIP 数据核字（2015）第 210154 号

习惯决定成败
XIGUAN JUEDING CHENGBAI

改　　编	张艳玲	
责任编辑	程　旭	
封面设计	天下书装	
出版发行	民主与建设出版社有限责任公司	
电　　话	（010）59417747　59419778	
社　　址	北京市海淀区西三环中路 10 号望海楼 E 座 7 层	
邮　　编	100142	
印　　刷	三河市同力彩印有限公司	
版　　次	2015 年 9 月第 1 版	
印　　次	2021 年 4 月第 2 次印刷	
开　　本	710 毫米 ×944 毫米　1/16	
印　　张	13	
字　　数	130 千字	
书　　号	ISBN 978-7-5139-0749-1	
定　　价	45.00 元	

注：如有印、装质量问题，请与出版社联系。

前 言｜PREFACE

习惯的力量是无比巨大的,它决定了一个人的思维方式和行为方式,从而决定人一生的成败。生活中,我们每天90%以上的行为都是出自于习惯的支配,比如:我们几点起床,几点吃饭,怎么洗澡、刷牙、上班、下班……一天之内重复着几百种类似的习惯。

然而,习惯并不仅仅是日常惯例那么简单,它的影响非常大。日本汉学大师安冈正笃说:"习惯变则人格亦变,人格一变人生也就随之改变。"好习惯是一种坚定不移的高贵品质,是人在神经系统中存放的资本,这个资本会不断增长,一个人毕生都可以享用它的利息;坏习惯则是道德上无法偿清的债务,这种债务能以不断增长的利息折磨人,使他最好的创举失败,并把他引到道德破产的地步。很多人就是因为有着不良习惯,终生被阻隔在成功的对面。

有人说:"要使自制成为习惯,放任则是可憎的;要使谨慎成为习惯,鲁莽则有悖于人的美好天性,就像残忍是严重的犯罪一样。"许多成功人士在谈及失败的可能原因时,几乎每个人都会说"坏习惯是失败的重要原因之一"。

养成好习惯对每个人来说都是一件很重要但又很困难的事情。好习惯与坏习惯的不同只在于,坏习惯的形成往往是不知不觉的,好习惯的形成则需要通过较长时间的积极努力。我们必须时刻提醒自己,改掉坏习惯,养成好习惯,因为习惯是可以被我们支配的,我们可以按照自己的需要并结合个人的具体情况,自我选择、自我设计、自我控制、自我调节,使好习惯伴随我们,坏习惯远离我们。

生活中的好习惯可以使我们拥有健康、幸福的生活。工作中也要具备一系列良好的习惯,因为好习惯就像一面镜子,会帮助我们正习惯,明得失,重新定位自己的生活,明晰自己人生的方向,为我们送上一把开启成功之门的金钥匙。

目　录

第十章 正确的思考方法

第一章

拥有乐观的精神状态

成功人士的首要标志在于他的精神状态。一个人如果拥有乐观的精神状态,乐观地面对人生,乐观地接受挑战和应付一切可能出现的麻烦事,那他就成功了一半。悲观的人,往往只见树木,不见森林,即便好机会已来到他身边,他也很难抓住,这也是很多有才能的人士不能取得成功的原因之一。

01 保持乐观的心态

我们发现这样一个奇怪的事实:在这个世界上,成功卓越者少,失败平庸者多。成功卓越者活得充实、自在、潇洒,失败者过得空虚、艰难、猥琐。为什么会这样? 仔细观察,比较一下成功者与失败者的心态,尤其是关键时候的心态,我们会发现"心态"导致人生惊人的不同。

在社会上,郁郁寡欢、忧愁不堪或陷于绝望的人总是不受欢迎的。如果一个人在他人面前总是表现出忧郁寡欢,就没有人愿意同他在一起,甚至会避而远之。

人们喜欢与和谐乐观的人相处,看到那些忧郁愁闷的人,就如同看一幅糟糕图画一样。一个人不应该做情绪的奴隶,一切行动都受制于自己的情绪,而应该做情绪的主人,控制自己的情绪。无论你周围的境况怎样的不利,你也当努力去支配你的环境,把自己从黑暗中拯救出来。当一个人有勇气从黑暗中抬起头来,面向光明大道走去后,后面的阴影也会随之消失。

阻碍人们成功的最大敌人,是思想的不健康,是以悲观的心情来怀疑自己的生命。其实,生命中的一切事情,全靠我们对自己有信仰,全靠我们对自己有一个乐观的态度。只有这样,方能成功。然而一般人处于逆境、碰到沮丧的事情或是处于充满凶险的境地时,往往会产生恐惧、怀疑、失望的思想,从而丧失了自己的意志,以致使自己多年以来的计划毁于一旦。有很多人如同从井底向上跳的青蛙,辛辛苦苦向上跳,但是一旦失足,就前功尽弃。

白超是个聪明能干的青年,他自创了一番事业,但却有一个不好的习惯,就是喜欢和人谈论他自己的事业不好,成天活在悲观之中,只要有人问起他的事业状况时,他总是说:"糟糕得很,没有生意上门,什么都没得

做,仅能勉强度日;没有钱赚,我经营这种生意是我极大的错误;如果光是领薪水生活,我应该可以过得很好。"

久而久之,他养成了悲观的习惯,就算营业状况很好,但他发散出使人丧气的空气,说出使人丧气的话,使人觉得疲乏与厌烦。这样的习惯对一个公司的领导而言,更是十分的不幸,它会传染、摧毁员工们对他与事业的信仰。人们都不愿替一个悲观者工作。在乐观的氛围中,一切都欣欣向荣,会比在一个丧气、阴郁环境中,能做出更多与更好的工作成绩。没有任何一个人可以一方面说着消极话,而另一方面又能奋发向上的。

误用想象是人们最厉害的敌人之一。人们的生活之所以永远不快乐与不舒服,是因为他们常想象自己是为人忽视、轻蔑、谈论的对象。总觉得自己是各种恶行的标记,猜忌、嫉妒和各种不良意志的目的。事实上,这些意念大多是幻想且毫无根源的。

有这种习惯的人无疑使自己处于悲观主义的气氛中,他们总戴着墨镜,使他们身边的一切为阴暗所笼罩;除了黑暗外,就再也看不到别的东西,在他们一生中所有的音乐,都是低沉的调子。

一个家庭有一个愤懑不平的人出现,就使整个家庭都沾染上那样的气氛,所有的平和安详不复存在。落落寡合的人常和他所处的环境格格不入,他本身毫无快乐可言,还尽其所能去阻止他人的快乐。这样的心境会诱发疾病。

柯维博士说:"在忧虑的心理上,不论其困难何在,对于身体上的影响总是相同的。每种感官都因此而削弱了。如果在沮丧的心境下,身体上的器官就退化了。任何衰弱或阻碍的情形混合,将立刻引出真正的疾病来。"

事实上,一个人在精神上受了极大的挫折或感到悲观时,需要暂时的安慰。在这个时候,他往往没有心思考其他任何问题。当女人受到了极大痛苦或失望后,她们可能会决定去嫁给自己并不真心爱着的男子。

男人有时会因为事业上遭受暂时的挫折而宣告破产,但实际上只要他们继续努力下去,是完全可以成功的。

有很多人在感受着极度的刺激与痛苦时,他们可能会想到自杀。虽然他们非常清楚,所受的痛苦是暂时的,以后必然能从中解脱出来。但是,当人们的身体或心灵受着极大痛苦时,他们往往就失掉了正确的见解,也不会做出正确的判断。

拿破仑·希尔说,从来没有见过持悲观心态的人能够取得持续的成功,即使碰运气能取得暂时的成功,那成功也是昙花一现,转瞬即逝。所以,我们要做一个乐观者,保持乐观的心态,这样才能抓住机会,甚至从厄运中获得利益。

02 让生活变得快乐起来

曾经听朋友讲述了这样一个事例:维莉·戈登小姐是一位女速记员,她的办公室里有四位速记员,每个人都被分派处理某些特定信件。她们经常会被那堆信件搞得头晕脑胀。一天,部门的助理坚持要她把一封长信重新打出来,她不愿意。她告诉他,信根本不用重打,只要把错别字改正过来就可以。他却说,如果她不做,他照样可以找到别人去做!

她虽然很生气,但不得不重新打字,因为她想到的是有一个人会乘机取代这个工作,而且公司是付了钱要她工作的。为了让自己快乐些,她只好假装喜欢这个工作——虽然是假装喜欢,不过,她发现她真的多少有点喜欢它了;而且她也发现,一旦她喜欢自己的工作,就能做得更有效率。所以现在她很少需要加班。这种新的工作态度,使大家认为她是个好职员。后来,业务部门主管需要一名私人秘书,就选上了她——因为他说,"你总是高高兴兴地去做额外的工作。"这种心态的改变所产生的力量,实在是戈登小姐最重要的大发现,也的的确确奇妙无比!

这个事例告诉我们:世界上没有任何一件事物,能够像愉快、有希望、乐观的性情那样,卸除生活的苦役,使生活圆满甜蜜。

做一个快乐的思想家,要比一个抑郁、绝望的思想家更具有无穷的魅力。虽然说他们的原动力是相等的,但喜乐却是头脑的一个永久的加油站,它能驱除一切冲突、焦急、忧虑与厌烦的事。

柯维博士说过:"要想保持健康,治疗疾病,快乐是一个最重要的因素,它那和药一般有用的力量,不是人为的肌肉组织中的兴奋,接着跟来的反应作用和更大的耗费,就好似许多麻醉剂那样。可是,快乐的功效的确是经过正常的途径,真正给予人生机体,它到达身体的每一部分。它使我们的眼睛发亮,脸色红润,步履轻快,增进了支持生命的一切内在力量。

因此,血液流通得更畅快了,氧气都重回细胞组织中去了,健康加强了,疾病也就被赶走了。"

阿拉巴马有一个患肺病的农夫,一天,他在耕田的时候忽然吐血,而且吐了很多。医生告诉他,他失血过多,将要不久于人世了。可是,他自己坚定地说,他还没有准备好死。不久,他终于可以坐起身来。

现实中总有很多无奈,即使有些健全的人也很难找出可以快乐的原因,而他却坚持自己疯狂的快乐,从中获得气力,于是,他变得强壮而结实。他断定:如果不是保持快乐,他早就死了。

可以很确切地说,我们所必须面对的最大问题——事实上几乎可以算是我们需要应付的惟一问题,就是如何选择正确的思想。如果我们能做到这一点,就可以像阿拉巴马那个患肺病的农夫一样顽强地活下去,就可以解决所有的问题。曾经统治罗马帝国的伟大哲学家马尔卡斯·阿理流士,把这些概括成一句话——决定你命运的一句话:"生活是由思想造成的。"

不错,如果我们想的都是快乐的念头,我们就能快乐;如果我们想的都是悲伤的事情,我们就会悲伤;如果我们想到一些可怕的情况,我们就会害怕;如果我们想的是不好的预兆,我们恐怕就会担心;如果我们想的尽是失败,我们就会失败;如果我们沉浸在自怜里,大家都会有意躲开我们。诺曼·文生·皮尔说:"你并不是你想象中的那样,而你却是你所想的。"

所以,在生活中遇到困难、挫折时,必须保持乐观的心态,你不妨在衣襟上插上一朵花,昂首阔步地向前走。有一次,汤姆森协助罗维尔·汤马斯主演一部著名影片,汤马斯穿插在电影中的演讲在伦敦和全世界都大为轰动。伦敦的歌剧也因此延后了六个礼拜,让他在卡文花园皇家歌剧院继续讲这些冒险故事,并放映他的影片。他在伦敦得到巨大成功之后,又在好几个国家旅游。然而不久,一连串令人难以相信的倒霉事件接踵而至,不可能的事情发生了——他发现自己破产了。

当时,汤姆森正好和他在一起,他们不得不到街口的小饭店去吃很便宜的食物。要不是一位苏格兰知名的画家詹姆士·麦克贝借给汤马斯钱的话,他们甚至连吃饭都成问题了。下面就是这个故事的要点:当罗维尔·汤马斯面临庞大的债务以及极度失望的时候,他很焦急,可是并不悲观。他知道,如果他被霉运弄得垂头丧气的话,他在人们眼里就会不值一文,尤其是在他的债权人眼里。所以他每天早上出去办事之前,都要买一朵花,插在衣襟上,然后昂首走上牛津街。对他来说,挫折是整个事情的一部分——是你要爬到高峰所必须经过的有益训练。那么,结果怎样呢?当然,汤马斯度过了难关,成为一名成功者。

一位伟大的哲学家说过:"我尽我的能力去尝试,使得没有事物可以困扰我,而且,我对于所遇到的每件事,都觉得满意。我相信这是一种责任。"拉布克爵士也曾说过同样的话:"如果我们的师长们肯留心责任与快乐,世界就会变得更美好、更光明;我们应该使自己快乐起来,并对别人的快乐作出贡献。"

没有什么事可以像乐观的心境那样,有助于自己的健康和快乐。当心境乐观平衡的时候,各种器官和机能就会各司其职,正常地工作,整个人匀称又健康。有了健康,才可以做更多更好的事。

我们不能预知生活的各种情况,但我们能够适应它。正确的心理态度和良好的习惯会有积极的收获。千万不要接纳心灵的垃圾。只要我们保持乐观的态度,你四周所有的问题都会迎刃而解,生活也会变得快乐起来。

03　乐观永远是最好的选择

心态决定成败。无论情况好坏,都要抱着乐观的态度,莫让沮丧取代热心,生命可以价值很高,也可以一无是处,就看你如何选择。

乐观的心态会带来积极的结果。小镇上的商店老板们一直都盼望着有精神抖擞、兴高采烈的旅行者肯欣然光临,他们可以借着那些人的好兴致而获得利润;和颜悦色、妙语如珠的伙计,总是比那苛刻、唐突又惹人讨厌的伙计能卖出更多的货物,吸引更多的主顾上门。

一个大企业的创始人,必须要知道和气待人、调和彼此的利益,才能达到利益均衡化。

新闻记者们也全都靠着广结人缘而得到来访的机会,因而获得晤谈,探讨事实和新闻信息。

所有的门为快乐的人而敞开,恭迎他的莅临。那些不讨人喜欢、又爱冷嘲热讽、性情阴郁的人,就必须自己去想办法,花费心思才得入门。

这样的情形在培拉塔身上就产生了作用,他讲述了这样一件事:"有一天早上,我正开始工作,忽然决定试验一下乐观思想的力量。事实上,我的心情已沉闷了很久。于是,我对自己说:我时时观察,发觉快乐的心境于我身体上的补偿具有神奇的功效,因此,我决意要试一试它的效力,看看我正确的思维能不能感化他们,也有一些助益。我坚持自己是快乐的,世界待我实在不错。很奇怪,我发觉自己被人高举着。而后我的态度变得更加激奋了,我的脚步更轻了,有如在空中行走。甚至,我还不自觉地微笑起来,我发现自己有一两次忍不住当众笑了。看看从我身旁经过的女子们的脸上却充满了苦痛与焦急、不满,我的心就不自禁地向她们飞去,我很愿意分给他们一些我所感觉照耀在我身上的阳光。

"到了办公室,我微笑着和会计员打招呼,这在以往的任何情况下,我从没有做过。我们公司的经理是个十分忙碌的人,他对我工作上的某些批语,常常令我觉得难以忍受。但是我已下定决心,不让任何事情来阻碍今天的光明,我很愉快地回答他,他原来皱在一起的眉毛整个舒展开了,我高兴自己又建设了另一个快乐的基础。

"这一整天,我不许云雾来玷污了今天的美丽,为我自己,也为了我周围的人们。同时,在我同住的和所爱的家人中,我也运用同样方式,在此之前,我曾在那儿备受冷淡与忽略,而现在我却感受到了意义深远且热烈的亲情。

"现在,我终于明白了,倘若你肯先给人们带来一个好的心境,那么,你必将会成为一个备受欢迎的人。"

一个快乐的心灵里,隐藏的是怎样的财富呀? 喜悦的天性是无论如何享用不尽的资源! 它所到之处投射阳光,驱散阴影,放松满载悲哀的心,又常常输送快乐给绝望的人。并且,倘若这资源和卓绝的态度以及优美的人格恰巧地配合起来,那么,一切的金钱权势,都不足与之媲美了!

有一年轻人名叫山姆,他在一家工厂专门做卸螺丝钉的工作。他觉得很乏味,本想放弃,又怕找不到别的工作,沉溺了一段日子之后,忽然,他想到了一个使自己快乐的方法,为何不在工作中和旁边操纵机器的工人比赛速度呢? 接下来,他把这个想法付诸行动,在工厂里,有个工人负责磨平螺丝钉头,另一个负责修平螺丝钉的直径大小,于是他们就比赛看

习惯决定成败

谁完成的螺丝钉多。有个监工对山姆快速的工作留下了深刻的印象,没多久便提升他到另一部门,而且这只是一连串升迁的开始。30年后,山姆,不,应该称萨缪尔·弗兰克先生,成了波文机器制造厂的厂长。

回过头来想一想,假如山姆当初没有改变悲观的心境,也许30年后的他仍是一个普通工人。可事实是,30年后,他成了波文机器制造厂的厂长,山姆事业上的转折就在于他改变了心境,始终以乐观的态度对待他的工作。

成功与机遇总是伴随乐观积极的人,失败会与那些消极悲观的人如影随形,只要你敢于正视未来,敢于对"不可能"说不,你一定能成功。

曾有这么一个例子:

有两家人开车出去旅游。不幸的事发生了,由于碰上了泥石流滑坡,两辆车都被压在了树木泥土下。

其中一辆车的车主是个男士,他看着窗外黑乎乎的堆积物,神经质地喃喃自语:"完了,完了。"他完全丧失了求生的勇气,外面堆积着厚厚的泥土、植物,他认为,凭他的力量根本无法逃生,而车祸发生的地点又位于人烟稀少的山区,想等待外援也是几十个小时后的事了,那时早就窒息而亡了。可以看出,这个男士一眨眼间就想到了所有的困难,而且立即被这些困难压倒,陷入了消极的自暴自弃情绪中。

然而,另一辆车的车主虽是一个妇女,但她看见两个孩子的脸越来越红时,她明白那是缺氧的前兆。她没有想太多的事,立即摇下后座的窗,开始用手挖出通路。两个多小时后,她终于十指鲜血淋漓地将自己与两个孩子救了出来,并立刻向林区管理站求救。

很快,已经严重休克的男士也被救了出来。

看一下,男士的懦弱与女士的勇敢形成了多么强烈地对比。

当生命受到威胁时,悲观者把自己封锁在一个自闭的精神境界中等死,而乐观者却不肯放弃任何一丝求生的机会,终于从死神手里夺回了四条人命。这就是心态的作用,一念之间可以判生死,定成败。

在《圣经》箴言篇第 23 章第 7 节中,所罗门说:"他怎样用心思量,他的人就是怎样。"换句话说,人们相信会有什么结果,就可能有什么结果。当一个悲观心态者对自己不抱很大期望时,他就会给自己取得成功的能力"嘭"的一声封了顶。悲观的态度是失败、颓废、消极的源泉。要想办法遏制这股暗流,记住:乐观永远是最好的选择!

04 热忱是藏在每个人内心深处的神

一个人成功的因素很多,而居于这些因素之首的就是热忱。热忱是出自内心的兴奋,散布充满到整个的为人。热忱是内心的光辉——一种炙热的、精神的特质深存一个人的内心。如果没有热忱,不论你有什么能力,都发挥不出来。

"没有热忱就不会有任何伟大的成就。"拉尔夫·沃尔多·爱默生写道。当事情进展不顺时,热忱是帮助你坚持下去的黏合剂。当别人叫喊"你不行"时,热忱是你内心发出的声音:"我能行"。

1983 年诺贝尔医学奖的获得者遗传学家巴巴拉·麦克林托克早年的工作直到很多年后才被公众认可,但她并没有放弃。实验工作对她来说是快乐的源泉,她从未想过要停止它。

我们都生来具有好奇心,睁大眼睛,满怀热忱——每一个看到过出生的婴儿,听到过钥匙开锁声,或看见乱爬的甲虫就兴奋不已的人都会明白这一点。

正是这种孩子气的好奇给了热忱的人们(不论年龄大小)一种青春的气息。大提琴家帕布罗·卡萨尔斯在 90 岁时还坚持练习拉巴赫的曲子开始他的每一天。音乐从他的指间流出,他弯着的背挺直起来,欢乐再度溢满他的眼眸。音乐对卡萨尔斯来说,是使人生变成无止境的探索之旅的灵丹妙药。就像作家兼诗人塞缪尔·厄尔曼曾写过的:"岁月悠悠,衰微只及肌肤,热情抛却,颓废必致灵魂"。

怎样才能找回孩提时代的热忱呢? 我相信答案就在"热忱"这个词本身。"热忱"一词源于希腊语,原意是"内在的上帝"。这里所说的"内在的上帝"不是别的,而是一种持久不变的爱——恰当的自爱(自我接受),并施于他人。

热忱的人们同样热爱他们所做的事,而不是考虑金钱权位。热忱一方面是一种自发力量,同时又是帮助你集中全身力量去投身于某一事情的能源。如果我们不能把热爱的事作为第一职业,我们也可把它当作业余爱好。比如,有国家元首喜欢画画的,有修女参加马拉松长跑的,有经理喜好手工制作家具的。

　　堪萨斯州韦尔斯维尔市的伊丽莎白·莱顿到 68 岁才开始画画,这一爱好消除了曾纠缠她至少达 30 年之久的忧郁症,而她的作品水准之高,使得一个评论家说:"我不得不说莱顿是天才。"伊丽莎白又找回了她的热忱。

　　我们不应该把眼泪浪费在"早该"之类的后悔上,我们需要把眼泪化为汗水,去追求"可能"之物。

　　世界从来就有美丽和兴奋的存在,它们本身就是如此动人,如此令人神往,所以我们必须对它们敏感,永远不要让自己感觉迟钝,嗅觉不灵,永远也不要让自己失去藏在内心深处的那份热忱。

05　永葆进取心

　　拿破仑·希尔告诉我们,进取心是一种极为难得的美德,它能驱使一个人在不被吩咐应该做什么事之前,就能主动地去做应该做的事。而胡巴特对"进取心"作了如下的说明:"这个世界愿对一件事情赠予大奖,包括金钱与荣誉,那就是'进取心'。"

　　荷特利太太住在加拿大的沙卡契文市,是个快乐平凡的家庭主妇。她的生活一直很如意,直到一场可怕的车祸,使她毫无防备地掉进了一个深渊里。开始,大家都以为她是脊椎骨断裂,后来经 X 光显示,虽然她的脊椎骨没有断裂,但骨骼表面长出了一块刺状物。医生叮嘱她,必须卧床休养三周,并且还带来了一个坏消息:由于她的脊椎骨有严重的僵硬现象,也许在五六年后,她会全身瘫痪。

　　荷特利太太知道这个结果时,惊呆了。她一向活泼好动,又从未遇到过不顺心的事。但现在却发生了这样不幸的事情。她卧床静养的时间由三周延长到四周,而后又是五周、六周……她此时全没有了勇气和乐观,心里只有无尽的恐惧。只觉得自己一天比一天衰弱。

习惯决定成败

一天早上,她从噩梦中醒来,发现自己的思绪如水晶般清澈透明。她告诉自己,5年的岁月并不短,她可以做许多事情。只要自己继续治疗,并且有战胜病魔的决心,或许还能改善自己的状况。有了这个决心以后,她觉得自己心中的恐惧和无力感立刻消失了。她挣扎着起床,想要立刻开始新的生活。

她找了两个字作为自己的座右铭,时刻不断地提醒自己:向前,向前!

这已经是5年前的事。如今她再度做身体检查,医生认为她的脊椎骨状况良好,病情没有继续恶化。医生叮嘱她要保持愉快的心情,对生命感兴趣,并且继续前行。这正是她所希望的。

在夏威夷也有一位像荷特利太太一样的人叫莫哈,他是个建筑承造商。

1931 年,莫哈先生在建筑和工业界四处打听,想要找一份工作。那时他年轻,没有工作经验,所以处处碰壁,工作根本没有着落。由于当时经济不景气,没有公司需要增聘工程或制图人员,就连经验丰富的老手也往往被解聘。他当时很气馁,但后来他决定,既然没有公司用他,他就自己来做。他从亲友那里借了 500 美元,成立了一家小小的建筑承造公司。刚开始,公司运作得很不好,想盖房子的人都不愿找一名没有经验又没名气的人来做。但无论怎样,他都鼓起勇气,下定决心要干到底。凭着这份进取心,他终于找到了几份小生意做。

他的第一笔生意是承造一栋 2500 美元的房子。由于缺乏经验,估价不准,结果他赔了 200 美元。但是,有了这次经验,接下去的几桩生意便弥补了过来。他坚信人不可轻言放弃,终于渡过了一生中最大的难关。

所以,在走向成功的道路上,绝不能低估了进取心的重要性。当我们面对具有巨大威慑力的山峰时,这种进取心就会让我们充满巨大的力量,敢于挑战最大的危险,敢于做别人不敢做的事。攀登者不仅敢于向可能性进发,而且敢于向不可能性挑战。而这种挑战就是成功的进取心所驱动的。

莫德克·布朗的成功经历,完美地诠释了进取心与成功之间的联系。莫德克是美国棒球界历史上最伟大的投手之一,他从小就决心要成为棒球联盟的投手。可是上帝并没有因为他有这样的决心就将幸运降临到他的头上。他小时候在农场做工时,手不小心被机器夹住,失去了右手食指的大部分,中指也受了重伤。

要知道,对于一个投手,失去手指意味着什么。成为全棒球联盟最好的投手,在这个事件之前是完全可能的。可现在,手变成这样,这个梦想好像永远只能是梦想了。可是这位少年不这样想,他完全接受了这个不幸的事实,尽自己最大的努力,学会用剩余的手指投球,终于成为地方球队的三垒手。有一天,莫德克从三垒传球到一垒,教练刚好站在一垒的正后方,看到旋转的快速球划着美妙的曲线进入一垒手的手套里,惊叹道:"莫德克,你是天才投手。球控制得太出色了,球速也快。那种会旋转的球,任何击球手都会挥棒落空的。"

莫德克投的球速度快,又有角度,上下飘浮,然后进入捕手手套中。击打者都束手无策。莫德克将击球手一个个三振出局。他的三振纪录和成功投球的次数都很了不起,不久便成为美国棒球界最佳投手之一。

正是受伤的手指,也就是变短的食指和扭曲的中指,使球产生了如此与众不同的角度和旋转。

少年莫德克之所以能成功地实现自己的梦想,正是靠着一股永远进取的精神。

对于一个有进取心的人来说,即使屡遭失败也不会灰心丧气,仍然十分努力。"成功的大小不是由这个人达到的人生高度衡量的,而是由他在成功路上克服的障碍的数目来衡量的。"

一些人缺乏努力进取的精神,是因为他们以为那样做会超出自己的能力。结果,他们就不再督促自己了。努力进取就是要求你付出百分之百的精力,无需更多,当然也不能少。如果你尽到了全力,就可能抓住每一个成功的机会。

一位当代作家说:"我对于那些刚刚走上社会的年轻人的建议是:开始时就要有坚定的理想和确定的目标,除非业已实现,否则决不要轻易放弃。"

如果我们有足够的进取心并付之于坚韧的努力,就一定会成功。要好好利用每一次机会向上爬,就会在任何领域都处于领先的位置。

坚持不懈的人不会仅靠运气来取得成功。处境不利时,他们坚持工作,他们明白即使在最艰难的时刻也不能放弃努力,这就是进取心。它存在于每个人身上,就像自我保护的本能一样明显。在这种求胜本能的驱使下,我们走进了人生赛场。最后请牢牢记住,进取心的力量在于:能使你从弱者变成强者!

06 给自己来点掌声

激励鼓舞人们作出抉择并付出行动。人的一切行为都是受到激励而产生的,通过不断地自我激励,就会使你有一股内在的动力,朝着期望的目标前进,最终达到成功的顶峰。在今天,职场竞争日益激烈,我们应该时刻自我激励,给自己来点掌声,以便更好地迎接每一次挑战。

美国的心理学家詹姆斯曾经做过一项调查,结果表明,一个人受到激励后所发挥出的能力,是没有受到激励时所发挥出的能力的 4 倍。当一个人没有受到激励时,充其量只能发挥 20% ~ 30% 的能力;而当他受到激励后,可以发挥出 80% ~ 90% 的能力。可见,激励对于一个人能力的发挥是多么的重要。

杰姆是美国联合保险公司一名普通的推销员,他很想当公司的明星推销员。因此他不断阅读励志书籍和杂志,以培养积极的心态。有一次,他陷入了困境,这对他平时进行的积极心态训练构成一次考验。

那是一个寒冷的冬天,杰姆在纽约一个街区推销保险单,但却没有一次成功。他有些不满,但他想起过去读过一些保持积极心态的法则。所以,他并没有灰心,而是满怀希望,相信自己一定会成功。第二天,他在出发之前对同事讲述了自己昨天的失败,并且对他们说:"你们等着瞧吧,今天我会再次拜访那些顾客,我会售出比你们售出总和还多的保险单。"

很快,杰姆又回到前一天去的那个街区,并再次访问了同他谈过话的每个人,结果售出了 30 张新的事故保险单。这确实是了不起的成绩,而这个成绩是他当时所处的困境带来的。因为在这之前,他曾在风雪交加的天气里挨家挨户走了十多个小时而一无所获。但杰姆把心中的沮丧变成了激励自己的动力,最终如愿以偿。

可见,养成用积极的态度激励自己的习惯,就可以引导自己的思想,

习惯决定成败

掌握自己的情绪,从而改变自己的命运。

如果你以积极心态面对事情,并且相信成功是你的权力的话,你的信心就会使你实现所有你制定的明确目标。但是如果你接受了消极心态,并且满脑子想的都是恐惧和挫折的话,那么最终会导致你的失败。因此,你一定要激发自己心中的力量,给自己以希望。

然而,有些人却整天无精打采,毫无斗志。他们不是因为被别人看不起而垂头丧气,而是因为总爱自我贬低。

一位公司的董事长总是蹑手蹑脚地走进董事会议室,总觉得自己完全不能胜任董事长的职位。作为董事长的他竟然还感到奇怪:自己为什么只是董事会中一个无足轻重的人?自己为什么在董事会其他成员中的威信这么低?自己为什么很少受人尊重?

其实他应该静下心来好好反思一下。如果他给自己全身都贴满无能的标签;如果他像一个无足轻重的人那样立身、行事、处世;如果他给人的印象是他并不了解自己、相信自己,那他怎么能希望其他人好好地对待他呢?

我们应该相信如果我们对自己的前途有更清醒的认识,如果我们对自己有更大的信心,那么,我们将取得更丰硕的成果。

我们要以积极的心态对待人生,要相信每个人的一生都会有所成就,而且这种信心是坚强有力的,是充满必胜信念的;如果我们以消极的心态面对人生,我们就会以悔恨、自我贬损和逃避他人的心态出现在世人面前。正是这两种截然不同的心态造成了成功者与失败者之间的差别。

如果你只是公司中一个不起眼的小职员,老板丝毫不会注意到你,那么积极的心态是你惟一的生存法宝。

你要不断地激励自己,主动地发挥自己的特长,争取表现自己的机会,譬如主持一个会议或一个方案的施行;主动承担一些老板想要解决的问题,或者主动、真诚地帮助你的同事,替他出谋划策,解决一些难题。如果你能做到哪怕只是其中的一点,就会变得越发有信心,你在公司里的位置就会发生显著的改变。

在工作中,不要忽视正面思考的力量,每件事都是先由一个想法开始的。当你往积极的方面想,你的行动、感觉、信念自然都往好的方面发展。当你期望最好的,你的心思自然会集中在最好的事物上,结果也会得到最好的。

养成用积极的心态激励自己的习惯。然后,你就能把握自己的命运。它会让你认识自己所扮演的人生角色,自己在哪方面有足够的能力,还有哪方面需要再发掘自己的潜能,这样你就能精神饱满地迎接每一天升起的太阳。

卓越的人物在成功之前,总是充分相信自己,激励自己,深信自己必能成功。所以工作时,他们就能全力以赴,直至胜利。

自我激励是一种鼓舞性的暗示。当我们怀疑自己的能力时,当我们的人生遇到失败与挫折时,都可以通过自我激励获得强烈的自信心。自我激励能坚定一个人的信心和勇气,并使其个性得到有力的强化。在这个世界上,每个人都是独一无二的,所以,我们应该始终告诉自己:"我是第一。"

07　把微笑当做习惯

现在,许多人都感叹人际关系太冷淡,每个人的脸上都是冷漠的表情,与人为善的人越来越少。其实,反过来想一想,面对陌生人的时候,发出感慨的自己又给予了别人多少微笑呢? 事实上一个人的内心很容易温暖,也许就只是一个小小的微笑就能使对方感觉温馨和快乐,从而友善地对待你。

有这样一个故事,一个善意的微笑挽救了一个将要被执行死刑的人。

一个叫杰克的士兵在内战时不幸被俘虏,被投进了阴暗的单间牢房。对方的严刑拷打他可以挺过去,但他们那轻蔑、冷漠的眼神却使他感到紧张,当他从狱卒口中得知第二天将被处死时,他的精神世界完全垮掉了,他还年轻,他不想就这样还没见到家人最后一面就死去。

他带着恐惧用颤抖的双手在衣兜里翻来找去,想要找到一支香烟,以缓解自己的紧张。但他的全身都被搜查过了,可以拿走的一样也没剩下。在感到已没有希望的时候,他从上衣的口袋底部找到了一根被揉搓得快要碎了的烟头。他哆哆嗦嗦地拿着这个烟头,手指却怎么也不能将烟送到唇边。他有些急了,用一只手紧紧地握住另一只手的手腕,勉强把烟送到了几乎没有知觉的嘴唇上。接着,他又本能地浑身上下找火柴,但这回却是彻底地失望了,他翻遍了衣服的每一个角落,连一根火柴的影子也没有。

他很沮丧,难道我连最后的愿望也无法实现吗? 他环视四周,透过牢

20

房冰冷的铁窗,借着昏暗的光线,他看见一个像木偶一样一动不动的士兵。他多么想让士兵看他一眼呀!但看守始终都直视前方,没看他一眼。他用力摇了一下铁窗,以引起看守的注意,但看守好像没听见一样,一点反应也没有。没有办法,他打算叫那个士兵,他用尽量平静的、沙哑的、稍大一些的嗓音一字一顿地对他说:"对不起,有火柴吗?我想借用一下。"

这回士兵听见了,头慢慢地扭过来,慢慢地踱到杰克跟前,用冰冷的眼神不屑一顾地扫了杰克一眼,他的脸也是冷冰冰的,毫无表情,想要说什么,但没说,只深吸了一口气,掏出火柴,划着火,帮杰克把烟头点着。"谢谢,我在天堂里会为你祈祷的。"杰克很真诚地说。

在黑暗的牢房中,那微小的火柴光显得格外明亮,他们看清了彼此的脸,眼光碰到了一起,杰克习惯地咧开嘴,善意地对他笑了笑。看守好像被他的微笑吓到了,呆呆地看着杰克,在他的意识里一个人不可能对他的敌人微笑。几秒钟的发愣之后,看守的嘴角也不大自然地往上翘,露出了微笑。彼此的微笑,一下将他们的距离拉近了。看守并没有立刻离开,而是探过头来轻声问:"你的家里还有亲人吗?有孩子吗?"

"有,在这儿呢!我一直将他们放在我身边,是他们鼓励我活到了现在。"杰克用颤抖的双手从贴身衣袋里拿出他与家人的合影。看守看了之后,又笑了,也赶紧从兜里掏出自己与家人的照片给杰克看,并说:"我当兵的时间不算很长,但也有一年多了,想孩子和妻子想得要命,不知他们怎么样了。不过再有几个月,我可能回家一趟。唉!做梦都想家。"

"你的命可真好,你还能回家,愿上帝保佑你平安回家。可我明天就要死了,再不能见到我的亲人了,再也不能拥抱和亲吻我的孩子了,希望上帝保佑他们一生平安……"杰克哽咽着说,边说边擦眼泪。杰克的话使看守的眼中霎时充满了同情的泪水。

他们好像孩子一样,同时哽咽起来,突然看守抹去泪水,眼睛亮了起来,用食指贴在嘴唇上,示意杰克不要出声。他开始机警地环视周围,并巡视了一圈过道,看到没有什么异常情况后,他慢慢地掏出钥匙,悄悄地打开牢门的锁。看守抓住杰克的一只手,蹑手蹑脚地走到监狱的后门,又走出了城门。

杰克的生命被他的微笑挽救了……

看到这个故事,你也许并不相信,微笑可以拯救生命。看似不可能,但却折射了人们相处时应有的心态,只有善意对人,才能得到对方同样善意的回报,就像俗话所说的:你的播种决定你的收获。

有这样一个和这句俗话有关的故事:

加利福尼亚的奥法镇风光秀美,景色宜人,以前是一个只有几户人家的小村庄,后来有人陆续迁入,使它变成了小镇。某地产公司的部门主管库克因为工作变动即将住到这里,他担心邻居不容易相处,便趁着给汽车加油的时候问一位老人:"这个镇上的人容易相处吗?"老人慢慢地说:"昨天也有一个人这样问我,我反问他:你以前住的地方的那些人怎么样?他告诉我说:他们糟透了,很难相处!我只好回答他:那我们这个镇上的人也一样。现在,也请你先回答我:你以前住的地方的那些人怎么样?"库克微笑着回答:"他们好极了,真的非常友好,如果不是因为工作的原因,我甚至不想离开他们。"老人也愉快地笑着说:"很好,那么我也可以告诉你:我们这个镇上的人也一样。"

这或许是电影中的一个片断,但那位老人却是一位生活中的智者,他说出了一句真理:在人际交往中,别人对你的态度取决于你对别人的态度。

　　严于律己，宽以待人，对于自身修养不够的人来说，做到这一点比较难。但你起码可以做到善待家人、善待同事、善待朋友。直到你习惯成自然，可以毫不迟疑地漾起微笑，善待所有陌生的人群时，你将不再抱怨别人冷漠的眼神，不再对陌生人不屑一顾，因为你已经淹没在陌生人善意的笑容里。把微笑当成习惯吧，你将看到每个人的脸像天使一般美丽。

第二章

调整你的工作态度

　　态度与前途的关系是每一位成功者都必须要考虑的人生课题。事业成功的人，往往都能够用良好的心态对待他的工作。如此，才能激发一个人自身的所有聪明才智，只有这样，才能到达胜利的彼岸。

01 没有卑微的工作只有卑微的态度

工作可以说是人一生中最重要的资产,大多数的人花了三四十年的时间在工作上。有句话说:"人的梦想开始于工作,也结束于工作。"由此看来,工作没有高低贵贱之分,任何平凡的工作都可以取得伟大的成绩,就看我们采用什么态度来对待。

罗马一位演说家说:"所有手工劳动都是卑贱的职业。"从此,罗马的辉煌历史就成了过眼云烟。亚里士多德也曾说过一句让古希腊人蒙羞的话:"一个城市要想管理得好,就不该让工匠成为自由人。那些人是不可能拥有美德的,他们天生就是奴隶。"

可让人遗憾的是,人们并没有从深刻的历史警示中吸取教训。现代职场中,依然有许许多多的人在抱怨自己的工作是卑微、低人一等的,工作只是为了养家糊口,不得已而为之的事情。轻视自己所从事的工作,自然无法投入全部身心。在工作中敷衍了事、得过且过,而大部分精力都用在考虑如何找一份更好的、让自己满意的工作上。这样的人在任何地方都不会有成就。

基尼在一家机械厂做修理工,从工作的第一天起,他就开始喋喋不休地抱怨:"修理这活儿太脏了,瞧瞧我身上弄的""真累呀,我简直要讨厌死这份工作了""凭我的本事,做修理这活儿太丢人了"等等。

基尼每天都是在抱怨和不满的情绪中度过的,他认为自己在受煎熬,在像奴隶一样做苦力。所以,基尼每时每刻都窥视着上司的举动,一有机会,他便偷懒耍滑,应付手中的工作。

5年过去了,与基尼一同进厂的4个工友,各自凭着自己的手艺,或另谋高就,或被公司送进大学进修了,独有基尼仍旧在抱怨声中做着他蔑视的修理工。

不管我们从事何种工作，要想成功，就不要像基尼那样，认为自己的工作是卑贱的，看轻自己的工作。

其实，在极其平凡的职业中，在极其低微的岗位上，也包含着巨大的机会，平凡只是表象，成功就藏在其中。只要把自己的工作做得比别人更完美、更迅速、更专注，调动自己全部的聪明才智，从"旧事"中找出新方法来，一定能引起别人的注意，自己也会获得发挥本领的机会，从而实现心中的目标。

有许多人认为，公务员、银行职员或者大公司白领才称得上是上等工作，甚至有一些人不惜投入大量的时间、金钱，想尽各种办法，通过不同渠道去谋求一个公务员的职位。殊不知，用同样的时间完全可以通过自己的努力，在现实的工作中找到自己的位置，实现自己的价值。

其实工作本身并没有贵贱之分,但是对工作的态度却有高低之别。在每个老板眼中,评价一个员工的优劣,看一个员工能否做好工作,只要看他对待工作的态度就足够了。一个人对待工作的态度体现了一个人的品质,所以,了解了一个人的工作态度,在某种程度上就了解了一个人。

每个老板都认为,一个轻视自己工作的员工,他绝不可能看重自己;一个不认真对待工作、视工作为低下卑贱及粗劣的员工,他的工作肯定做不好。与此相应,如果你轻视自己的工作,那么,老板也必然会因此而轻视你的品质以及你的低劣的工作业绩,那么你就永远也不会获得升职加薪的机会。

作为员工,不要认为你对工作轻视的目光,能够瞒得过老板的视线。老板们或许并不了解每个员工的具体工作,熟知每一份工作的细节,但是一位聪明而精明的老板很清楚,你轻视工作带来的结果是什么,从而明智地根据你对待工作的态度,来设定你未来的发展。可以肯定的是,那些对工作没有足够重视的员工绝不会得到老板的赞许和赏识。

当老板交付你一项看似平凡、低微的工作时,你可以试着从工作本身去理解它、认识它、看待它。当你从它的平凡表象中,洞悉其中不平凡的本质后,你就会从平庸卑微的境况中解脱出来,不再有劳碌辛苦的感觉,厌恶、无可奈何的感觉也自然烟消云散。当你圆满完成这些"平凡低微"的工作后,你会发现成功正在萌发。

最后,请大家记住一句话:你也许不能选择工作本身,但你可以选择对待工作的态度。态度决定一切!

02 走一步就踏出一个脚印

不管我们现在所做的工作多么微不足道,也必须以高度负责的精神做好它。不但要达到标准,而且要超出标准,超出上司和同事对我们的期望,机会就会一步一步向我们走来,成功也就是从这一点一滴的积累中获得的。

个人能力在成功的道路上起着关键的作用。但是,我们经常发现,很多能力尚可的人,却没有获得成功,原因是什么呢?心理学家说:"能力是基础,工作态度则是充分发挥能力的保证。以前有很多调查都表明了踏实的工作态度对工作的成功影响是非常大的。"有许多能力出色的人,因为缺乏踏实做事的意识与心态,往往不能出色地完成工作;相反,那些能力相对较差的人,因为他们做事非常踏实,反而能够出色地完成工作。

脚踏实地,是一个职场人士所必备的素质,也是实现你加薪升职、成就一番事业的关键因素。自以为是、自高自大、好高骛远,是脚踏实地工作的最大敌人。你若时时把自己看得高人一等,处处表现得比别人聪明,那么你就会不屑于做别人的工作,不屑于做小事、做基础的事。

一个做事不够踏实、好高骛远的人,往往会使自己的工作陷入无法自拔的尴尬境地。

杰森大学毕业后,直接进了一家非常有实力的大型企业,他的能力得到了主管的认可。在公司里,他可谓平步青云,不久,便升为主管。但是他却有一个致命的缺点:做事不够踏实。有一次,公司交给他一个专案,要他单独完成。这不仅是对他能力的认可,同时也是对他进行一次考验。但他认为这不过是一次简单的工作罢了,也就没有比其他工作更重视。但是,没过多久就传出他被公司处罚的消息。原来,因为他在做决定的时候不够谨慎,这个专案出现了严重的差错。以前,他也犯过同样的错误,但当时主管看他比较年轻,而且潜力很大,只希望他吸取教训,能够改掉不踏实的毛病。没想到,他现在依旧如此,还给公司带来非常大的麻烦。他自己也知道这件事情的结果比较严重,所以主动要求接受处罚,辞去主管职务。之所以产生这样的结果,并非杰森的能力不行,而是因为他做事不踏实的毛病。可见,脚踏实地在工作中有多么重要。

不论做什么事,我们都要脚踏实地地完成。要知道,你把时间花在什么地方,什么地方就会出成绩,只要认真去做,就有收获。其实,不仅同

习惯决定成败

事,老板也在偷偷地注视着你。

所以,在工作中,每个员工都应该从以下几个方面做起:

第一,认真完成本职工作。无论你是做基础的工作,还是高层的管理工作,都要把自己的全部精力放在工作上,并且任劳任怨,努力钻研。这样才能在工作中逐渐提高自己的业务水平,成为企业不可或缺的人才。

第二,在工作中,拥有一颗平常心,不要因为情绪的波动而影响到工作的顺利进行。

"千里之行,始于足下",任何宏伟的事业都由一砖一瓦堆积而成,任何耀眼的成功都是从一步一步中走来的。脚踏实地的人,甘于从基础工作做起,并能时时看到自己的差距。

那些自以为聪明、极容易头脑发热、不自量力地承受具有极高难度的工作、脱离自身能力、没有自知之明的人，结果会输得惨不忍睹。而如果能够正确认识自己，清楚自己的能力，就不会赤膊上阵做傻事。适当的笨拙可让你遇事三思，分析自己的长处和缺点，权衡利弊之后再动手，并时常拿实力与自信相对比，不逞匹夫之勇，如果冒险了就一定要有所收获。

在"聪明人"都不愿意做基础工作中，认真地对待自己的工作。在自己的专业领域里潜心研究、埋头苦干，不要让自己的聪明才智埋没在耍小聪明上。

职场中的人要记住：只有脚踏实地，才能显出真正的聪明，才能在事业上取得卓越成效。

因此，如果你希望得到老板的重用，就应该踏踏实实地工作，摒弃下面几种有害的思想：

第一，凭我的本事，这份工作不值得我去做。

不管我们从事的工作多么微不足道，也要带着满腔热情去完成它。每个人都期待自己能够像比尔·盖茨一样成为富人之首。认为从基层做起很丢面子，甚至认为老板对他简直是大材小用。一座大厦必须有牢固的地基，任何事情都有一个发展的过程，目标远大固然不错，但有了目标还要付出努力。如果只空怀大志而不愿付出努力的话，那一切只能是空中楼阁。

第二，工作速度要快，质量勉强应付过去就行了。

第三，现在的工作只是跳板，只要完成任务就可以了。

即使你目前所做的工作不是你理想的工作或者不适合你，也不可以抱有这种不负责任的想法。你可以把它当做一个学习机会，从中提升业务技能，或者学习人际交往，从而认真地做好这份工作。这样不但可以获得很多知识，还为以后的工作打下了良好基础。伟大是工作，平凡也是工作，只有陶醉在自己的工作中，你才会感到由衷的快乐。

生活对每个人都会有回报的，无论是荣誉还是财富，但前提是必须转变自己的思想和认识，踏踏实实地做好本职工作。只有这样，才会产生改变一切的力量，才能在事业上取得辉煌的成绩。

03　自动自发地工作

戴尔·卡耐基曾说:"成就最大的人往往是那种愿意行动而且敢于行动的人,只有那些自动自发地工作、善于创造机会和把握机会的人,才可能从最平淡无奇的生活中找到一丝机会,用自身的行动改变自身的处境,把自己的人生之船开到理想的彼岸。"

在现代老板的眼中,一个职场新人最宝贵的特质之一,就是自动自发地工作。它是成功人士必备的人格特质,自动自发就是没有人要求、强迫你,自觉而且出色地做好自己的工作。

很多员工认为只要准时上班、按时下班、不迟到、不早退就是完成工作了,就可以非常心安理得地领工资了,几乎从未认真考虑过关于工作本身的问题:工作是什么? 工作又是为什么? 所以,很多人只是被动地应付工作,为了工作而工作,不能在工作中投入自己全部的热情和智慧,只是在机械地完成任务,而不是去创造性地、自动自发地积极工作。有些人每天踩着时间的尾巴准时上下班,可是,他们的工作很可能是死气沉沉的、被动的。当工作依然被无意识所支配的时候,很难说他们对工作的热情、智慧、信仰、创造力被最大限度地激发出来了,也很难说他们的工作是卓有成效的,他们只不过是在"过工作"或"混工作"而已!

工作是一个包含着诸多智慧、热情、信仰、想象力和创造力的词语。积极主动的人总是在工作中付出双倍甚至更多的智慧、热情、信仰、想象力和创造力,而消极被动的人有的只是逃避、指责和抱怨。

态度是决定成功的关键因素之一,尤其是自动自发的主动态度。所谓的主动,指的是随时准备把握机会,展现超乎他人要求的工作表现,以及拥有"为了完成任务,必要时不惜打破常规"的智慧和判断力,知道自己工作的意义和责任,并永远保持一种自动自发的工作态度,为自己的行为负责。

　　自动自发不仅是区别你和其他员工的重要方面,也是老板评判你是否值得继续栽培的标尺。

　　在日常工作中,能够让我们发挥自动自发的机会俯拾皆是。当你想

要推行某项计划时,可以自己举手提出:"让我来做!"或者干脆自己进行策划,然后毛遂自荐:"如果我的策划被认同,请准许我完成这项计划。"而不只是等待主管或老板分派工作。自己主动迎接挑战会有一种使命感和责任感,而被动接受则通常会产生厌恶、消极的心态。在两种心态下工作的动力和结果是完全不同的。而且当你主动工作的时候,你的自信和主动精神会给老板留下深刻的印象,你会体验到自动自发所带来的喜悦。

　　兵书上说:"唯有显著于帷幄之中,才能决胜于千里之外。"我们要做

好准备,抓住每一次机会。重要的是要始终如一的保持自动自发的工作态度,这样才能早日实现自己心中的梦想。

04 细节决定成败

"千里之堤,溃于蚁穴"、"不积跬步,无以至千里;不积小流,无以成江海。"很多时候就是这样,细节决定成败。

苏联小男孩谢夫卡一心想当飞行员。他曾找过一位名叫格罗莫夫的将军,问他怎样才能成为一名飞行员。这位功勋卓著的飞行员、空军上将没有直接回答他,却带他去郊外玩,回来后对谢夫卡说:"我们认识只有一天功夫,然而我发现有4件微不足道的小事会妨碍你成为一名飞行员:你找我的时候,只知道敲门,却没有发现墙上的门铃;在车站你忘了自己的车票搁在哪里;在让你记录地址时,你竟不知道自己身上是否带着笔;你把我的住所门牌号记错了。"

将军又说:"人们会把一架飞机交给这样一个漫不经心的人吗?如果这样的人在飞机驾驶舱里,就可能发现不到仪器的指示信号或者忘了在着陆时放下起落架……"谢夫卡不好意思地垂下了头。

将军拍了拍谢夫卡的头说:"不要灰心,我建议你每天干好哪怕一件这类微不足道的小事,因为在飞行中往往因错、忘、漏,哪怕是一个小小的开关、一个手柄、一个小动作都会造成严重的飞行事故。"

生命中的大事皆由小事积累而成。小事中也蕴含着令人不容忽视的道理,那种认为小事可以被忽略,置之不理的想法,正是我们做事不能善始善终的根源,它导致工作不完美,生活不快乐。

在通往成功的路上,真正的障碍有时只是一点点疏忽与轻视。人生、事业、爱情、家庭的成败往往也出在一些小事情、小动作的处理上。就像一座宏伟的建筑,建筑设计方案恢弘大气,但如果对细节的把握不到位,

就不能称之为一件好作品,甚至会因某一个细节的疏忽而带来不堪设想的后果。

在今天这个社会,几乎所有的年轻人都胸怀大志,满腔抱负,但是成功往往都是从点滴开始的,甚至是细小至微的地方。如果不注重细节,就可能什么事都干不好。

05 凡事追求精益求精

在一家公司的墙上有这样一句话:"在此一切都应精益求精。"的确,

习惯决定成败

如果公司每个员工都能按照这句话的要求去做,那么他们的自身素质不知要提高多少!所以,倾尽全力、精益求精、力求完美,这应该是每一个人追求的目标。

美国前国务卿基辛格,在诸事繁忙之时,对下属的要求仍然是精益求精,100%才算合格。一次,当他的助理呈递一份计划给他,问他对其计划的意见时,基辛格和善地问道:"这的确是你所能拟定的最好的计划吗?"

"嗯……"助理犹疑地回答:"我相信再作些改进的话,一定会更好。"

基辛格立刻把那个计划退还给了他。

两周后,助理又呈上了自己新的成果。几天后,基辛格请该助理到他的办公室去,问道:"这的确是你所能拟定的最好的计划吗?"

助理后退了一步,喃喃地说:"也许还有一两点可以再改进一下……也许需要再多说明一下……"

助理随后走出了办公室,腋下夹着那份计划,下定决心要拟出一份任何人——包括亨利·基辛格都必须承认 100% 的"完美"计划。

这位助理日夜工作,有时甚至就睡在办公室里,3 周之后,计划终于完成了。他很得意地迈着大步走进基辛格的办公室,将该计划呈交给了他。

当听到那熟悉的问题"这的确是你所能拟定的最完美的计划吗?"时,他激动地说:"是的。国务卿先生!"

"很好。"基辛格说,"这样的话,我有必要好好地读一读了!"

基辛格并没有直接告诉他的助理应该做什么,而是通过这种严格的要求来训练自己的下属必须认真负责,把工作做到精益求精。

可以说,市场对企业从来都是拿着"显微镜"来审视的,并且实行一票否决制。如果在你生产的 1 万套服装中,有一套质量不合格,消费者就会说"你的服装质量不过关",而不会说"你的服装有一套不过关,另外 9999 套都是过关的"。

在工作中每个人都应该认真负责,追求精益求精。要完成 100%,而绝不只做到 99%,因为只有精益求精,只有做到 100%,你的工作才算合格,才算到位。

06 天道酬勤

大多数人都理解"天道酬勤"的意思:多一分耕耘,多一分收获,多付出努力,就一定会有更多的回报。付出就有收获。命运总是掌握在那些勤勤恳恳工作的人手中。

自古以来,有许多关于成功的定律和名言俗语,如"成功的人之所以

习惯决定成败

成功就是因为他们比别人更加勤奋,更加努力""天下没有免费的午餐,惟有比别人多一份努力,才能立足于社会,超凡脱俗""一个很重要的定律就是,努力不一定成功,不努力肯定不能成功"。还有许多人总结出不同的成功公式,如勤奋 + 天赋 = 成功、勤奋 + 天分 + 机遇 = 成功,等等。不难发现,这些定律、名言及公式中有一个共同的、不可缺少的因素就是勤奋。勤奋在事业成功中的重要性可见一斑。

天道酬勤。成功的获取,从勤奋开始,最终因勤奋而达于目标。也就是说,勤奋是成功的根本,也是成功的秘诀。人类历史表明,那些伟大的成就通常是由一些平凡的人经过自己的努力取得的。对于勤奋的人,生活总能给他提供足够的机会和不断进步的空间。

希尔之所以能够由一个速记员一步一步往上升,就是因为他能做别人没有要求他做到的工作。他最初是在一个懒惰的主管下做事,那位主管总是把事情推给下面的职员去做,他觉得希尔是一个合适的人选。有一次,经理叫那位主管编一本前往非洲时需要的密码电报本,那个懒惰的主管便把这个做事的机会交给了希尔。希尔做这个工作时,并不是随意地简单地编几张纸片,而是把它们编成了一本小小的书,并且用打字机清楚地打出来,然后再用胶装订得好好的。做好之后,那个主管便把电报本交给经理。"这大概不是你做的吧?"经理问道。主管战栗着回答道:"不是。""是谁做的呢?""我的速记员希尔做的。""你叫他到我这里来。"希尔来到经理办公室,经理对他说:"小伙子,你怎么会想到把我的电报本做成这个样子的呢?""我想这样你用起来会方便些。""你什么时候做的呢。""我是晚上在家里做的。""啊,我很喜欢它。"过了几天之后,希尔便坐在前面办公室的一张写字台前;再过一些时候,他便顶替了以前那个主管的位置。

一位成功人士曾经说过:"我不知道有谁能够不经过勤奋工作而获得成功。"任何人都要经过不懈努力才能有所收获。收获的多少取决于这个人努力的程度,世上没有不劳而获的事情。有人说"我很聪明",如果真是如此,你就应该为聪明插上勤奋的翅膀,这样你就能飞得更高更远;如

38

果你还不够聪明,就更应该勤奋,因为"勤能补拙"。守株待兔的人曾经不费吹灰之力就得到一只兔子,但此后他就只有两手空空了。所以,你永远不要指望不劳而获的生活。最终成功的人,不一定是最聪明的人,但一定是勤奋的人。在漫长的人生道路上,勤奋比天才更可靠。

通往成功的路有很多,曲折与坎坷是摆脱不掉的,而无论多么聪明的人,要想从中找到捷径都少不了"勤"字,因为"天道酬勤"。勤奋不是天生的,它需要你在后天成长过程中,用信念和抱负自我鞭策,以养成勤劳的习惯。所以,当你发现自己懒惰,想拖延时间时,想想自己的理想、抱负,大声地对自己说:"我要成功,我要做时间的主人,我要勤奋起来!"

07 专注，才会挖掘出自身的能量

成功的第一要素是：能够将你身体与心智的能量锲而不舍地运用在同一个问题上而不会厌倦的能力……这便是专注。

高杰在一家广告公司做创意文案的工作。一次，一个著名的洗发水制造商委托高杰所在的公司做广告宣传，负责这个广告创意的好几位文案创意人员所做的文案都不能令制造商满意。没办法，经理让高杰把手中的事先搁置几天，专心把这个创意文案完成。

连着几天，高杰在办公室里抚弄着一瓶洗发水在想："这个产品在市场上已经非常畅销了，人家以前的许多广告词也非常富有创意。那么，我该怎么下手才能重新找到一个点，做出一个与众不同、又令人满意的广告创意呢？"

有一天，他在苦思之余，把手中的洗发水放在办公桌上，又翻来覆去地看了几遍，突然灵光闪现，他把这瓶洗发水倒出一点放在手心里，一边轻轻揉搓，一边嗅着它的味道，寻找感觉。

绵柔的感觉让他心里一动，他跑到制造商那儿问这到底是什么东西。制造商告诉他，这些洗发水中加入了一些成分，"活力二合一"使洗发水效果更佳。

明白了这些情况后，高杰回去便从这一点下手，绞尽脑汁，寻找最好的文字创意，因此推出了非常成功的广告方案。广告播出后，这种产品的销量急速攀升。由此可见，专注于某个目标并全身心投入的人，往往会创造出工作的奇迹。

当麦肯利还是一名从俄亥俄州来的国会议员时，胡佛总统便对他说："为了取得成功，获得名誉，你必须专注于某一个特定方向的发展，千万不可以一有某种情绪或者方案，就立即发表演说，把它表达出来。你固然可

以选择立法的某一个分支作为你学习的对象,但是,你为什么不选择关税作为你的学习对象呢?这个题目在接下来的几年中都不会被解决。所以,它将为你提供一个广阔的学习天地。"

这些话语一直萦绕在麦肯利的耳边。从此,他开始研究关税,不久,他就成为这个领域里最顶尖的权威之一。当他的关税方案被参议院通过时,他的事业也达到了顶峰。

一个人,假如想实现自己的人生价值,却把精力分散到许多事情上,这样的人是不会成功的。要知道,没有任何一个获得成功的人不是把他所有的精力都集中于一个特定的事情上的。

如果我们走过一家生产航海指南针的工厂便会发现,还未被磁化过的指针会指向各种方向。一旦它们靠近磁铁而获得特殊的力量之后,便

41

会指向北方,而且从此后,一直都坚定不移地指向北极。所以说,一个人先要确定自己的人生航向和工作目标,这样,他才会专注于某一个方向。

目标是专注的前提,凭借自己对人生的憧憬和事业的坚持,每个人都应该为自己树立一个坚定不移的目标,全身心地投入并积极地希望它成功,锲而不舍地为之奋斗时,肯定会取得一些成绩。

当然,在确定自己专注的目标之前,我们也应该审视自己一番,从自己的兴趣和专长下手,寻找突破口,不要让你的思维转到别的事情、别的需要和别的想法上去。专注于你已经决定去做的那件事,放弃其他所有的事。这样,在目标的引导下,专心致志、锲而不舍地为之奋斗,肯定会有所成绩。因为,这样就能够利用自身的有利条件,极大地挖掘出自身的潜力。

一个人最大的损失,就是把他的精力分散到多方面的事情上,结果一事无成。一个人的能力十分有限,若要样样都精,很难做到。若想成就一番事业,请牢记专注于一件事上。

08 做一个干干净净的员工

有句话说得好,君子之交淡如水,职场中尤其要这样。在公司里,一定要做一个如水般干净的员工,那样与人交往也是干净的。这样就不会有帮派之争的困扰,也能与同事和睦相处。

工作中,我们要努力、认真,不做与工作无关的事,做一个干干净净的员工。上班准时,下班准点。不扯是非,不评论上司和同事,合则聚不合则离,别人说好话时点点头,说坏话时装作没听见。工作间歇时间,干点自己的事,不要去和别人攀扯。当别人想请你去聚餐的时候,如果不是非去不可,最好推辞,或者拉上其他人一起去。同事有困难时一定要帮助,但不要期望他们的回报。永远记住,在公司里只有一般的同事之交,没有知己或莫逆之交。这种躲开过分亲密的交往，并不是为假装清高，而是为了保持同事关系的长久和稳定，对自己的发展也有利。

韩超进入公司的第一天就是独来独往。他有礼貌更有距离，工作从来好好做，但你别想知道他工作以外的其他事情。他从不拉扯是非，只要一听话题不对，立刻就能转身走开。但他却并不是好好先生，因为他跟谁都不套近乎。

韩超所在的公司并不是天下太平，三大帮派"各据一方"。下班后，各帮各派分头活动，聚会喝酒，看球赛，"团结"得很。而韩超却从不与他们结伴，他自成一体。也就是因为如此，他成了公司的另类。

到了公司都半年多了，韩超仍是老样子，也从不为没有人缘而苦恼。每天依然是那副笑容，工作上没有差错，一下班转身就走。一顿吃几两、有没有女朋友、家里几口人，公司里一直无人知晓。

有一次，经理要出国考察市场，临走前宣布全部工作由韩超负责。按照惯例，这可是老板要提升人的信号。三大帮派不服，在休息时间议论纷纷，几个头目更是不服："凭啥？瞧他那个德性，整个一大脑切除患者。"而韩超透过玻璃板，看了一下他们怪异的表情，只是微笑了一下，又低头看书了。

经理回公司就宣布提升韩超为主管，三大帮派各派出一个代表问经理为什么，经理一听就乐了："为什么？你们几个还不明白？人家韩超很干净。虽然他也曾顶撞过我，但是为了公司，为了工作。而你们呢？工作非要扯上是是非非，别看拉帮结派的时候挺热闹，但真遇到利害冲突时，就窝里斗了，后果会怎么样你们想过没有，对公司有什么好处呢？"

几个代表回来后一说，大家都沉默了，是啊，拉帮结派不就是为了扩大势力范围、晋升职位吗？可这样斗争下去到底对人对己有什么好处呢？仔细想想，工作就是工作，韩超的做法很有道理。

这次事件仿佛给公司员工上了一堂生动的教育课，风气大为好转，帮派很快都解散了，大家都积极地去做一个干干净净的员工，把心思用在工作上，而不是其它事情上。所以，要想同事爱戴，老板赏识，那你就做一个干干净净的员工吧。

第三章

营造有利的工作氛围

　　任何事物的发展都需要它成长的土壤,古代就有"孟母三迁"的故事,讲的也是这方面的道理。可见,一个良好的环境对于一个人的成长发展起着不容忽视的作用。而良好的工作氛围是形成企业良好价值观的基础。它是一种"黏合剂",可以使员工在不一定轻松但肯定愉快的环境中工作,使团队成员彼此相互信任和合作。

01 和老板齐步走

职场小说《杜拉拉升职记》中的主人公杜拉拉在工作中曾总结出这样一条"江湖规则":与上司建立一致性。那么,如何和老板齐步走,和老板"建立一致性"呢? 杜拉拉的解释是:作为下级,你应该通过实际经历或平时的留心观察了解上司的工作习惯、行事风格,然后调整自己的某些做事方式主动迎合对方的需要。

作为员工应该清楚,个人的成功是建立在团队成功的基础上的。没有企业的快速增长和高额利润,你不可能获得所期望的回报。每个人必须认识到只有企业成功了,老板的目标达到了,员工的目标才能得以实现。因此,要想在工作中赢得老板的青睐,很快得到提升,最为有效的做法就是与老板目标一致,与老板同步。

从某种意义上说,老板的目标与个人的目标是相辅相成、相互联系的。

因此,现在许多公司在招聘员工时,都把个人品行放在最主要的位置,成为评价新职员的最主要标准之一。因为,如果一个人真诚负责地为老板工作,时刻站在老板的立场上,为老板着想、为企业着想,那么,这个企业一定会有所发展,老板也必然会重用你的。

对于老板而言,公司的发展需要员工的努力;对于员工来说,需要的是职位的升迁和丰厚的报酬,这两者是统一的。

老板需要负责和有能力的员工,业务才能进行,目标才能达到;员工必须依赖一个平台才能发挥自己的聪明才智。

作为一名员工,你应该认识到员工与老板之间统一的一面。为老板的目标去努力,也就是在为自己的目标而努力。有了这样的心态,消除了对老板的敌意,工作起来就会更努力。这样,你必然能够促进自身的发展。

因此,每位员工在工作中的使命就是帮助你的老板实现他的既定目标。但是,这些目标究竟是什么呢? 这就需要我们来挖掘。

詹姆斯在一家木材公司做销售代表,对自己的销售纪录引以为豪。曾有几次,他向他的老板大卫解释说,他如何努力工作,劝说一位家具制造商向公司订货。可是,大卫只是点点头,淡淡地表示赞同。

最后,詹姆斯鼓起勇气问:"我们的业务是销售木材,不是吗?"他问道,"难道您不喜欢我的客户?"

把注意力放在大客户身上!

大卫和他的态度一样,直视着他,他答道:"詹姆斯,你把精力放在一个小小的家具制造商身上,可他耗费了我们太多的精力。请把注意力盯在一次可订大宗货物的大客户身上!"

詹姆斯听完之后,恍然大悟,从这以后,他便开始努力实现他的目标——找到大的客户。

习惯决定成败

职场中人在追求自己的工作目标时，一定要向老板的工作目标看齐，老板认为你能为他的成功尽心尽力，作出贡献，所以才会把你招到旗下。许多职场人员验证了这一法则的价值所在。

露西是一位负责家用电器连锁店的主管，她和她的老板都认为：如果扩大连锁店的经营规模，生意就可能更好一些。但老板有些犹疑不定，因为老板还难以确定经营管理的前景，即规模扩大能否带来适当的回报。在一次地区销售会上，露西兴奋地说："工作开展得不错，连锁店生意兴旺。多数经理也常常抱怨不能把所有商品和用户塞进这么狭小的空间，而在上个月我们几乎把冰箱直接从运货车上卖掉。假如我们有更大的地方，那么销售额一定会增长，我们是在现有的条件下全力以赴进行工作的。"

几周之后，老板为她所在的连锁店增加了两间侧厅。结果可想而知，老板对露西的杰出业绩给予了高度评价，她的月薪当然也增加不少。

老板与员工的关系就是"一荣俱荣"，你得和老板劲往一处使，只有认识到这一点，只有紧追老板的目标，才会获得成功。

同时，在时刻追随老板目标的同时，我们还应该帮助老板解决工作中遇到的难题。

邓文是一位进出口公司的总经理助理，他接到一项紧急的任务，根据老板的记录准备做一份财务报表。然而，他在总结记录时，查看当时的外汇汇率，发现老板给外商的报价对本公司很不利，便通知了老板，并告诉老板，经过与老板协商，又重新做了一个计划。

老板十分感谢邓文发现了他的疏忽，对他的好感大增。不久，邓文便发现了自己的薪水有所增加。

老板并非是全才，在工作中也会遇到许多难题，存在一些问题。这些难题、问题也许不是你的分内工作，但是它们却阻碍着整个公司的前进，而且可能损害到公司的利益。如果员工能够帮助老板解决工作中遇到的难题，毫无疑问，你在提升自我的道路上会进展得更快。

02　主动与老板沟通

要想在职场上脱颖而出、活得精彩,仅凭自己的能力远远不够,还要学会交往、沟通、协调、合作。但事实上,很多员工都害怕老板,见了老板绕道走,尤其工作出现错误后,最怕与老板聊天。

在现代职场中,许多原本非常优秀的员工却没有得到发展,其中原因之一就是没有与老板主动沟通,与老板过度疏远,没有向老板表现和推销自己,也就没有机会让老板欣赏到自己的能力与才华。

许多年轻人涉入职场后,常常因害怕问题曝光,信守"沉默是金",不敢与上司交流工作方面的话题。总是觉得自己的一举一动,所做的一切都尽在老板的掌握中,无需与老板沟通、交流,而这无异于慢性自杀。

作为员工,和老板沟通交流是极其重要的,它是一个人在职场中获得更多资源,赢得更多帮助的制胜之策。据统计,现代工作中的障碍50%都是由于沟通不到位引起的。一个不善于与老板沟通的员工,是无法做好工作的。

罗斯是美国金融界的知名人士,初入商界时,他的一些朋友已在商界内担任高职,并成为老板的心腹。他们告诉罗斯一个最重要的成功秘诀,"一定要主动跟老板讲话"。

然而,许多员工对老板都怀有恐惧感。他们见了老板就噤若寒蝉,一举一动都不自然起来。有些事情甚至拜托同事来转述,以免因被老板当面问起而难堪。如果这样,凡事不主动,消极被动,那么员工与老板之间的隔阂肯定会越来越深。

有些人坚持认为"工作是干出来的,不是说出来的",他们觉得"只要我做出成绩来,老板一定会注意到我"。然而,他们想不到的是,几乎所有的老板都喜欢积极主动与其沟通的员工。

习惯决定成败

老板希望手下员工有一些主动的表现,希望他们积极地为他出谋划策。沟通其实非常简单,只是别吝啬你的嘴,特别是在执行任务的过程中,下属一定要积极主动地与老板沟通,这样才会和老板始终保持一致性,避免执行发生偏差。

你可能经常听到一些同事埋怨机会不等、命运不公,总是觉得自己碰不到表现自己的机会。每每看到别人的成功,总归结为运气好。实际上,机会对每个人都是公平的,关键是你是不是善于抓住机会。

在许多公司,尤其是一些刚刚走上正轨或者有很多分支机构的公司里,老板必定要物色一些管理人员前去工作。此时,他选择的肯定是那些有潜在能力、且懂得主动与自己沟通的人,而绝不是那种只知一味勤奋、却胆小怕事不主动的员工。要想在职场中取得成功,得到老板的赏识,做老板的"圈内人",就需要平日多与上司接触、沟通,懂得主动争取每一个机会。事实证明,很多与老板匆匆一遇的场合,可能会决定你的未来。

比如,在电梯间、走廊上、吃工作餐时,遇见你的老板,你要主动迎上去并微笑着问声好,或者说几句工作上的事。千万不要畏首畏尾,极力避免让老板看见,或者匆忙地与老板擦肩而过也一言不发。如果你自信地主动与老板打招呼,主动与老板交谈,你大方、自信的形象,会在老板心中留下深刻的印象。

玛丽是一家合资公司的普通职员,觉得自己满腔抱负没有得到赏识,她经常想,如果有一天能见到老板,要好好表现一下自己,但她只是不断地想,并没有付诸行动。玛丽的同事安娜也有同样的想法,于是她去打听老板的上下班时间,算好他大约在何时进电梯,她也在这个时候去坐电梯,希望能遇到老板,有机会可以同老板打招呼,说上几句话,寻找机会展示一下自己的才能。

安娜如此去跟老板打过几次招呼以后,终于有机会跟老板长谈了一次,不久就争取到了理想的职位。

与之相反,不主动与老板沟通,可以说是一种对自己的前程和发展不负责任的态度及行为。

　　盖尔工作非常出色,老实正直,但他只知道埋头苦干,缺乏与上司的沟通,因此他根本不在上司的视线之内。

　　有一次,公司里举行联欢会,老板的兴致很高,很快加入到了他们中间。盖尔见到老板,一举一动就不自然起来,很快就逃离老板的视线,独自坐在一个角落里喝饮料。类似的事情发生了几次,渐渐地,盖尔给老板的惟一的印象就是怕事和不主动。所以他永远也不会有升职的机会。

　　每家企业可谓人才济济,在这样的环境中,信守沉默,是不会有什么前途的。而正确的工作态度和工作成果,充其量只能让你维持现状。如果你想真正有所成就,就必须积极主动地与老板沟通。

　　但并不是说,只要主动与老板沟通,就一定能够得到老板的垂青。不同的老板喜欢用不同的方式去管理。主动与老板沟通时,必须懂得老板有哪些特别的沟通倾向。一般而言,老板主要欣赏以下几种沟通方式:

　　第一,沟通应当简洁。

　　莎士比亚把简洁称之为“智慧的灵魂”。简洁是一个人才能的重要体现。与老板沟通首要的就应该是简洁。老板做事讲求效率,用简洁的语言、简洁的行为来与老板进行短暂的交流,常能达到事半功倍的效果。

第二,以知识为武器。

在知识经济的时代,每个人都应该了解日新月异的科技、变化迅猛的潮流。每个人都应该用知识来武装自己,丰富自己的头脑,那样对老板的问题才会对答如流。

第三,不卑不亢的沟通态度。

与老板沟通时应保持不卑不亢的态度。虽然,面对老板,员工应该尊重,但是凡事都得讲究适度原则。如果过分地迁就或吹捧,就会适得其反,让老板感到反感,从而妨碍与老板的正常关系,阻碍自身的发展。

第四,不要抬高自己。

在主动与老板沟通时,千万不要为标榜自己,刻意贬低别人。这种褒己贬人的做法,最为老板所不屑。与老板沟通时,要把自己先放在一边,突出老板的地位,然后再取得他的尊重。当你表达不满时,要记着一条原则,那就是所说的话对"事"不对"人",就事论事。不要只是指责对方做得如何不好,而要分析做出来的东西有哪些不足。这样沟通过后,老板才会对你投以赏识的目光。

第五,沟通时讲究平等原则。

在与老板沟通时,要事事替别人着想,站在老板的角度思考问题,兼顾双方的利益。理解万岁,沟通的结果常常会是皆大欢喜。

如果你善于沟通、乐于沟通,总有一天你会发现,你的工作总是能最好、最快地完成。

03 登上老板的"梯子"

在工作中,老板是能左右我们生存状态的一个人。所以,处理好与老板的关系,是我们获取成功的重要条件。在攀登事业成功的高峰中,老板既可以成为助你一臂之力的"梯子",也能成为前进的最大障碍。

你的老板会扮演什么角色,关键取决于你与他之间建立什么样的关系。他若赏识你、信赖你,就会甘当"梯子";他若猜疑你,自然对你就不利。

每个员工若想提升自我,就必须与老板搞好关系,但并不是所有的人都能如愿。因此,成功的员工都会把握好与老板相处的分寸。

老板喜欢你、信赖你,还是厌恶你、猜疑你,在很大程度上取决于你对老板的态度。要想在事业上获得成功,就必须以一种良好的心态与老板相处。

第一,忠诚于老板。

老板一般都把员工当成自己的人,期望员工忠诚于他、拥戴他、听他指挥。员工不与自己一条心,背叛自己,脚踩两只船,是老板最为痛恨的事。忠诚,讲义气,重感情,常用行动表示你很忠心,并信赖他、敬重他,这样就会得到老板的喜爱与信赖。

第二,在老板面前要诚实。

在老板面前,不要吹牛,编瞎话,谎报军情。弄虚作假的人,很容易失信于人。老板若觉得自己被欺骗,自尊心和权利受到侵害,他会十分恼火,把你当成心怀鬼胎的人,认为你不可信任。通过欺骗老板而暂时得到的好感和荣誉,是不能长久地维持下去的,终有一天会被老板发觉。

诚实也有诚实的艺术。一般要考虑时机、场合、老板的心情、客观环境等因素。不然的话,诚实也会犯错误,让老板反感,引起他的不满。

第三,懂得谦逊。

谦逊是中华民族自古以来所推崇的一种美德。在当今的社会生活中,我们虽然不提倡在任何问题上都保持一团和气的谦逊态度,但在与老板的相处中,谦逊还是相当重要的。谦逊意味着你有自知之明,懂得尊重老板;谦逊可让你得到更多人的支持,帮助你更好地完成大业。

第四,与老板交谈时,不可锋芒毕露。

君子藏器于身,待时而动。你的学识需要得到老板的赏识,而在老板面前故意显示自己,抬高自己,老板会因此而认为你是一个自大狂,恃才傲慢、盛气凌人。在其心理上觉得你难以相处,彼此间缺乏一种默契。与

老板交谈,要遵循以下原则:

你应寻找自然、活泼的话题,使他充分地发表意见,要适当地做些补充,提一点问题。这样,他便知道你是一个有知识、有见解的员工,自然而然地认识了你的能力和价值。

不要用老板不懂的技术性较强的术语与老板交谈。这样,他会觉得你是故意难为他,并产生戒备,有意压制你,从而影响你在公司的发展。

戴尔大学毕业后到一家公司做秘书,最初到公司时他恃才自傲,总觉得自己比别人聪明,比别人强,根本不把总经理及同事放在眼里。工作一段时间,尤其是和总经理接触几次后,他才意识到自己还是有很多不足的。

在一次行政会议上,听完总经理的讲话和各部门领导的工作汇报后,他独自和总经理进行了一次长达一小时的谈话。他以平和的语气分析了工厂的状况,提出了自己关于拓展业务的设想,最后说道:"我的这些思路和设想是听了您的讲话后受到启发产生的。不一定正确,请您参考。"

总经理虽然没有表示什么,但已经对戴尔产生了好感,对他的才能有了初步的了解。

在此后进一步的接触当中,总经理加深了对戴尔的认识,提升戴尔为总经理助理,使他的事业得以迅速发展。

第五,服从老板的命令。

人无完人,有的老板可能并不比员工优秀,但只要他是你的老板,你就要服从他的命令。因此,无论你在公司里的职位有多高,只要是老板交代给你的任务就必须全心全意去执行。诚然,老板的决策有时也有错误,但你不能私自做出决定而不去执行。你只能在执行时,尽可能地使这项错误的决策造成的损失降低到最低程度,这才是你应有的态度。

第六,巧妙应对老板的批评。

作为一个员工,都会有被老板批评的时候:比如自己做了错事,工作中出现了失误或未完成,自己受到污蔑,老板不了解情况……甚至老板心情不好或看不惯你,你都可能在老板那里品尝批评的滋味。

不管是什么原因被老板批评,你都应该遵循下面的原则:

1. 认真倾听,让老板把话说完

如果老板批评你,不管批评得对还是错,千万不要打岔。要静静地听老板把话说完,即使有些话很不好听,你也要认真地听。

在一般情况下,如果老板批评不当,你可以进行恰当的"辩解",可是必须建立在充分肯定自己是正确的前提之下,而不是文过饰非、胡搅蛮缠。

当然,对那些还未弄清楚的事情,最好不要进行辩解,一定要保持缄默。

2. 充分肯定,感谢老板的诚意

不管老板的批评是不是有理,作为员工,首先至少必须在口头上对此表示充分的肯定,表现出你已虚心接受。

如果老板对你的批评是出于一种诚意,你的态度是会让他感到欣慰和满足的,从而老板的态度也会渐渐缓和下来。

3. 不要顶撞,要使老板感到受尊重

老板之所以批评员工,就是因为他认为你有他值得批评的地方。聪明的员工是很明白这一点的,他们会善于利用老板的批评,从中化害为利,化腐朽为神奇。同时,不顶撞老板,就是对老板的尊重。如果老板是借助你杀鸡儆猴,你的这一招可能比获得表扬还要有效。

所以说,在职场中,和老板处理好关系尤其重要,你可以借着老板这部"梯子",早日登上成功的顶峰。

04　学会如何与老板相处

不得罪老板,是保住饭碗的第一要务。但是,一直以来,老板好像天生就是和员工对立的。不管你走到哪里,都会碰到一些让你生气的老板。所以,学会如何与老板相处,就成为我们首要解决的问题之一。

首先,学会与难对付的老板相处

这种类型的老板是最令员工感到头痛的。

一个难缠或喜欢滥用权力的老板可能会将好端端的工作搞砸,但是作为员工并不是完全的无能为力,你应该积极地采取一些对付老板的策略:

1. 改变自己的工作方式

老板一般都是在特定的场合因特定的事情而发脾气的。你应摸清老板的性格,并尽可能消除隐患。如果你的某位同事善于应付老板的情绪,那你可以虚心向他请教一下怎么做才能更为有效,不妨借用他的一些手段。

2. 在老板发怒时保持冷静

冷静地面对老板的怒火,但这并不等于逆来顺受。你可以在老板的情绪稳定之后,再去向老板谈论一下事件的原委以及自己的工作计划和想法,并征求一下老板的意见,这样事情往往会成功。

第二,学会支持老板

在职场当中团队合作最重要,支持老板就意味着支持你自己。明确这种意识,对于服从和执行指令很有帮助。因为在团队中你的任务就是帮助你的老板达成目标。只有圆满地完成任务,才是对其真正的支持,而不是虚伪的恭维与奉承。

1. 老板是你最重要的资源之一，多向他借鉴一些经验和取得资源方面的支持，对你完成任务、提高效率会有很大帮助。学会用好老板资源，可以使你获得更大的成绩。如果你能让老板认为有支持你的必要，他就会投入更多的时间和精力，调动更多的资源支持你。

2. 你的成绩是由老板和团队来体现的。因为团队的成功才意味着真正的成功，帮助老板实现目标，也就是帮助自己提升能力。

第三，学会"拒绝"老板。

人力资源专家曾做过一次调查，这项调查涉及近千名人事经理及普通员工，主题是："当你与老总发生观点冲突，你会向他说'不'吗？"结果显示仅有 31.96% 的人认为可以向老板说"不"，理由是：做一名优秀的员工要敢于向老板说"不"，这样才能显示自身的专业能力。

我们经常会遇到这样的情况：老板叫你干一件事，你马上应承下来。即使这件事不该你做，或超过了你的工作承受能力，你都没有拒绝。

因为许多员工认为，老板就是老板，自己是他的属下，老板交代的任务必须无条件执行。其实，在适当的时候，我们应该学会拒绝老板，向老板说"不"。

1. 当老板把大量的工作任务交给你，超过了你的承受能力时，你可以向老板征求一下意见，让他定出工作的先后次序："我现在手中有 4 个大型计划，8 个小项目，您看我应该先处理哪项工作呢？"明智的老板自然会把一些额外的工作交给别人去处理。这样既可以体现你的认真谨慎，又可以减轻工作的重担。

2. 当你因为某种原因，未能完成额外工作时，告诉老板你的实际情况，然后保证会尽力把自己分内的事务处理好，但超额的工作则不能应付了。前提是上班时你要全力以赴，表现出极高的工作效率。

3. 当老板要求你做违法的事或违背良心的事时，平静地解释你对他的要求感到不安，亦可以坚定地对老板说："你可以解雇我，或者放弃要求，因为我不能这样做。"但假若你不能坚持自身的价值观，不能坚持一定的原则,那只会迷失自己,不仅影响到工作的成绩,最重要的是断送自己的前途。

优秀的员工在与老板相处时,还应谨记下面的几条原则。它有助于你摆正与老板的关系,顺利走完职业生涯。

首先,要根据不同的老板采取不同的策略。

美国人力资源管理学家科尔曼说过:"员工能否得到提升,很大程度上不在于是否努力工作,而在于老板对你的赏识程度。"对于员工来说,最大的苦恼莫过于努力工作,却得不到老板的赏识。那么,怎样才能得到老板的青睐? 每个想有一番作为的人,首先看一看你的老板属于下列中的哪种,对症下药,或许对你会有所帮助。

1. 查理·布朗型:这种类型的老板在企业中相当普遍。他是不同情绪、不同能力和不同态度的综合体,一般来说,他的心态比较平和,他的思想和行为符合你对一个老板所抱的期望。与这种类型老板交谈或与他共事相对来说比较轻松。

在工作中,查理·布朗型老板对员工的要求是合理的,而员工们也有可能在事业上获得发展和升职的机会。但他不会将这样的事情列入他的重要议事日程之中,只能由你设法引起他的注意。

2. 拿破仑型:这种类型的老板具有雄才大略,聪明绝顶,因此不要在这类老板面前自作聪明。你惟一要做的就是勤勤恳恳、踏踏实实地努力工作,老板一定会一步一步提拔你的。

3. 刘邦型:这种老板虽有智慧却无慧眼。员工想要提升自我,只有去想办法结识老板身边的人。

4. 平原君型:如果你的老板像平原君一样,敢于委人以重任,而且在用人之际又苦于无人可用时,不妨毛遂自荐。

第二,避免和老板发生冲突。

在职场中,老板是影响你成就感与挫折感的最大来源。员工和老板的关系犹如古代君臣关系,处理好了,一帆风顺,处理不好,就倒霉了。

福特汽车营销处处长叶明信,从美国的研究所毕业后便到福特工作。13

年间,他曾被美国总部选为"影子领袖"成员,跟在福特总裁身边见习3个月,这段目睹全球总部权力核心运作的经验,让他对权力运作有很深的体会。

他觉得在职场中,员工有时不得不去学会接受"因为权力的对错,而决定了事实对错"的事实。"你只能韬光养晦,不能一直试下去,否则勇气和信心会被磨损,绝对无法做到100%就该停止。"这是他从几次经验中学到的心得。

"老板对员工,拥有恩威并济的赏罚筹码,员工对老板,有什么筹码?你只能找对方法求生存!"11年内换过9任老板的ING安泰人寿市场支持部资源协理林卫国一语道破老板与员工的不对等权力关系。

第三,正确处理和老板之间的关系。

职场上有一条黄金定律:老板永远是正确的。

有些人确实循规蹈矩,不越雷池半步,对老板唯唯诺诺,甚至见了老板话都说不出来。其实不必这样,因为作为一个人,同样具备完整的人格和被人尊重的权利,你是凭自己的智慧和体力来赚钱的。

老板指派你完成某项工作,你应当全力以赴去完成,这时你与老板是一种工作关系。如果你永远都给人一种精力充沛、自信向上的感觉,无论走到哪里,同事都愿意同你合作,老板也对你的工作态度、工作效率表示欣赏。其实,一个重要原因就在于他总是在工作中把自己和老板之间的关系处理得恰到好处。

在职场中,你必须记住:你不可能改变你的公司和老板。那么你必须学会与老板和谐相处,像了解你的客户一样去了解他。"你要想生存,就只有适应上司"。

05　向同事借智慧

合作是所有组合式努力的开始。一群人为了达成某一特定目标,而把他们自己联合在一起。乔治马修·阿丹斯说:"帮助别人往上爬的人,会爬得最高。"如果你帮助其他人获得他们需要的事物,你也能因而得到想要的事物,反之亦然。

在竞争日益激烈的今天,专业分工越来越细,单凭一个人的力量无法完成千头万绪的工作。一个人要想在事业上取得一定的成就,除了要具备很强的工作能力外,还应懂得与他人合作,懂得合作是成功的前提。我们从那些成功人士的身上可以发现,他们都善于在各种合作的过程中,找到自己可能成功的条件和因素。

仅靠一个人的力量不可能做到的事情,如果通过互相合作,可能会轻而易举地获得成功。可见,合作能大大增加成功的几率。

这项原则表现最为明显的应该是在老板与员工,员工与员工之间保持完美团队精神的企业。在你发现这种团队精神的地方,你将会发现双方面都很繁荣与友善。团队精神是现代企业成功的必要条件之一。能够与同事友好协作,以团队利益至上,就能够把你独特的优势在工作中淋漓尽致地展现出来,从而为自己的成功获得更多的机会。否则,便很难在职场上立足,因为"个人英雄主义"已经过时了。

微软中国研发院的总经理张湘辉博士说:"如果一个人是天才,但其团队合作精神比较差,这样的人我们不要。中国 IT 业有很多年轻聪明的人才,但团队精神不够,所以每个简单的程序都能编得很好,但编大型程序就不行了。微软开发 Windows XP 时有 500 名工程师奋斗了 2 年,有 5000 万行编码。软件开发需要协调不同类型、不同性格的人员共同奋斗,缺乏领军型的人才、缺乏合作精神是难以成功的。"

曾经名震一时的史丁尼斯公司的失败就充分证明了这一点。史丁尼斯公司的创办人史丁尼斯先生虽然有超强的能力组织规模庞大的公司,但因为他不训练和提拔合作者与员工,始终大权独揽,他死后公司便随之而倒,他苦心经营的成果也就这样随他而去了。

如果你是一个"天才",凭借自己的才能,可能会取得一定的成绩。但如果你懂得向他人学习,与他人合作,那么就必然会产生更大更多的成就。老板要善于激发团队的智慧和力量,让成员各显其能、各尽其才,充分发挥他们的创造性作用。一个企业的团队是由无数个个体组成的一个整体,每个个体都应该有一种求同存异的想法,这个同就是大家的目标是一致的;而异就是个人工作风格各异,工作中逻辑思维的差异,团队中的员工具备了这些,那这个团队的战斗力将是惊人的。

然而,在现代职场中有很多人都喜欢单打独斗,自认为凭借一己之力就可以打拼,就可以撑起一片蓝天。尤其是那些刚刚步入职场的新人,他们往往忽视应有的合作精神,自然无法与同事、合作伙伴,甚至客户建立、协调良好的工作关系,损害了团体具有的积极创新的良好氛围,影响了组织的整体工作效率和效益,最终自己将无法适应讲求团队精神的组织和讲求合作生财的社会。一贯的个人英雄主义最终收获的将是失败。

力量和成功是相辅相成的。因此,任何人只要拥有这项知识及能力,与同事合作,向同事借智慧,而发展出力量,就能在任何行业中获得成功。

06　不要对同事的困境视而不见

福瑞是一家机械销售公司的业务主管。最近,公司为了扩大业务,行政部又新招了四个业务员。这些业务员刚刚大学毕业,第一次踏入社会,进入职场,第一次接触机械销售这一行。尽管公司对他们进行集中培训,但是,因为工作阅历和社会经验太少,他们一时无法进入工作状态。尤其是分配到福瑞所在部门的两位:休姆和嘉丽,这两个人进入公司已经两个月了,学的也是机械专业,但对机械销售的技巧一窍不通,每次见客户的时候,都因为销售技巧不当,导致本来可以达成的交易最终都泡汤了。

有许多次,福瑞都想主动帮助他们,让他们两个人跟随自己出去锻炼一番,临场观摩,长长见识,事后再对他们指点一番,希望用这种方式来帮助他们走出工作中的困境。但是,他考虑了一段时间后决定放弃了,因为他认为自己没必要为他们浪费精力。三个月后,这两个本来可以成为优秀销售员的新人,在试用期结束时,因为没有业务成绩,被行政部通知解聘。这个消息被福瑞所在部门的经理史坦利先生首先获知,他把身为业务主管的福瑞叫到办公室训了一通。

史坦利先生说:"福瑞先生,你要明白,身为业务主管,指点新业务员掌握销售技巧,走出职业困境,是你的工作责任,也是你的工作义务。在这三个月中,我细细观察了那四位新业务员,他们都很能吃苦,也具有敬业精神,尤其是休姆和嘉丽这两位。但他们两个都没有做出业务成绩,责任有很大一部分不在他们身上,而是在你这个业务主管身上。因为他们刚刚走出校门,进入职场,尤其是进入机械销售这一高难销售行业,这就需要你想尽一切办法帮助他们走出职场困境。其他部门都没有新人被解聘,只是我们部门出现了两个,这是你不负责任造成的结果。因为我了解那两位新员工,知道他们已经对工作尽了最大的努力,虽然他们没有做出业务成绩。"

听了部门经理史坦利先生的一番话,福瑞惭愧地低下了头。

一个公司要想稳定和发展,就需要不断地招聘一些新员工以便输入新鲜的血液,这样,才能够激发公司内部的活力。但是,对新员工进行深入培训,让其尽快适应岗位,承担其责任,往往就落在了部门经理或基层主管的肩头。所以,部门经理或基层主管不要寻找任何借口来推卸这份责任。

郝佳是一家大型造纸厂的普通技术工人。他通过自己的努力,从一个车间里的清洁工开始做起,学会了造纸的技术,掌握了机械的修理技巧,被车间主任提拔到造纸技术工人的岗位上来。在这个岗位上,他积极主动地培养了一批又一批新人,受到上司的赏识和同事的尊重,并被提拔

为一名技术班长。过了两年时间,车间主任离职,他因为技术精湛,以身作则,并能主动帮助同事,被任命担当此重任。

作为一名企业里的优秀员工,应主动向同事伸出援助之手,帮助他们走出工作上的困境,让他们尽快成长为公司骨干。这样,大家才能配合一致,加速公司向前发展。所以,在工作之中,不要对同事工作中的困境采取漠视的态度。

王朋是一名电脑安装工程师。有一次他带着三名新人到一家公司去安装电脑,配置系统。当时,在三名新人中,有一位给王朋留下的印象不佳。所以,当这位新人在工作中出现问题后,王朋假装没有看见,任其在困境中自我摸索,结果客户的一台电脑出现了故障,对方要求王朋所在的公司进行赔偿。最终,王朋和这位新人同时受罚,尤其是王朋,作为一名主管,竟然干出了如此不负责任的事,让上司十分失望。

同事之间互相帮助,不但可以为公司创造出一种和谐融洽的工作氛围,增加公司内部的凝聚力,加速公司的发展,也能使人们品尝到许多友谊上的欢乐。所以,在工作中,我们应主动帮助那些处于困境中的同事。并创造出公司内部良好的工作氛围,同时也将为公司和个人事业的发展带来无尽的动力。

第四章

行动之前即规划好人生

　　一个没有目标的人就像一艘没有舵的船，永远漂流不定，只会到达失望、失败和丧气的海滩。明确而合理的目标是实现人生价值所必需的，人不能总是摸着石头过河，有规划有目标，你才会有努力的方向和动力。

01 为明确的目标而行动

许多人埋头苦干,却不知所为何来,到头来发现追求成功的阶梯搭错了边,却为时已晚。因此,我们务必有明确的目标,并拟定目标的过程,澄明思虑,凝聚继续向前的力量。

你是否有一个目标? 是否现在就能说出你想在生活中得到些什么?但是必须注意:不要让你的欲望超出你的能力。因此,确定适合自己的目标可能是不容易的,它甚至会包含一些痛苦的自我考验。但无论付出什么样的努力,这都是值得的。一个没有目标的人就像一艘没有舵的船,永远漂流不定,只会到达失望、失败和丧气的海滩。

一个人如果能热切地设想和相信什么,就能以积极的心态去完成什么。

科拉是上海一个杂志社的编辑。他小时候就沉浸在这样一种想法中:总有一天我要创办一种属于自己的杂志。心里有了这一明确的目标后,他就开始积极寻找各种机会。后来,终于有一个机会被他抓住了,这个机会实在是微不足道,以致我们大多数人都会随手丢弃,不肯多加理睬。

有一次他看见一个人打开一包香烟,从中抽出一张纸片,随手把它扔到地上。科拉弯下腰,拾起这张纸片。上面印着一个著名的好莱坞女演员的照片。在这幅照片下面印有一句话:这是一套照片中的一幅。原来这是一种促销香烟的手段,烟草公司欲促使买烟者收集一整套照片而不断地购买香烟。科拉把这个纸片翻过来,注意到它的背面竟然完全是空白的。

科拉感到这是一个机会。他推断,如果把附装在烟盒子里的印有照片的纸片充分利用起来,在它空白的那一面印上照片上的人物的小传,这

种照片的价值就可大大提高。于是,他找到印刷这种纸烟附件的平板画公司,向这个公司的经理说明了他的想法。这位经理立即说道:

"如果你给我写100位美国名人小传,每篇100字,我将每篇付给你100美元。请你给我送来一份你准备写的名人的名单,并把它分类,你知道,可分为总统、将帅、演员、作家等等。"

这就是科拉最早的写作任务。他的小传的需要量与日俱增,以至他必须得请人帮忙。于是他要求他的弟弟迈克尔帮忙,如果迈克尔愿意帮忙,他就付给他每篇5美元。不久,科拉又请了几名职业记者帮忙写作这些名人小传,以供应一些平板画印刷厂。就这样,科拉竟然真成了《名人》杂志的编者。他圆了自己的梦!现在回过头来看,起初,命运对科拉并不是特别眷顾。但他并没有抱怨,而是抓住机会做出了令人满意的事业。所以,我们要知道,没有什么人会把成功送到我们手里,任何获得了成功的人,都首先有渴望成功的心态和一个明确的目标,并且付诸了行动。

如果科拉的成功或多或少是靠机遇的话,那么另一个人的成功则将给我们更多的启示。

几年前,南卡罗来纳州一个高等学院早早地通知全院学生,一个重要人士将对全体学生发表演说,她是整个美国社会的绝对顶级人物。

这个学院规模不大,学生和师资相对美国其他的学校稍差一点,因此能邀请到这样一个大人物,学生都感到特别兴奋,在演讲开始前很长时间,整个礼堂就已经坐满了兴高采烈的学生,大家都对有机会聆听到这位大人物的演讲高兴不已。经过州长的简单介绍后,演讲者步履轻盈、面带微笑地走到麦克风前,先用坚定的眼光从左到右扫视一遍听众,然后开口道:

"我的生母是个聋子,因此没有办法和人正常地交流,我不知道自己的父亲是谁,也不知道他是否在人间,我这辈子找到的第一份工作,是到棉花田里去做事。"

台下的学生听了全都惊呆了,面面相觑,这时,她又继续说,"如果情况不尽如人意,我们可以想办法加以改变,一个人的未来怎么样,不是因为运气,不是因为环境,也不是因为生下来的状况,"她轻轻地重复方才说过的话,"如果情况不尽如人意,我们可以想办法加以改变。一个人若想改变眼前充满不幸或无法尽如人意的情况,只要回答这个简单的问题:'我希望情况变成什么样?'然后全身心投入,采取行动,朝理想目标前进即可。"

"这就是我,一位美国财政部长要告诉大家的亲身体验,我的名字是阿济·泰勒·摩尔顿,很荣幸在这里为大家作演说。"

简短的演说留给人们的却是深深的思考。一个人的出生环境无法改变,但他的未来却可以靠自己谱写,关键是你要一个什么样的未来。事实上,设定一个明确的目标就等于达到了目标的一部分。目标一旦设定,成功就会容易得多。所以为自己设定一个明确的目标,并付诸行动,用积极的心态去面对可能出现的各种困难,每个人的未来都会很精彩。

02 适时调整工作目标

目标很重要,几乎每一个人都知道,然而,在实现目标的道路上,如果发现目标与自己的能力及外在因素不适合,或自己无法达到时,就要适时的调整,另择他径,否则,你永远无法取得成就。

工作目标,是一个员工未来工作生活的蓝图。它可以指引员工的工作习惯——你的工作立即由杂乱无章变得井井有条。有了目标为导向,会发现哪些事与你的工作目标毫不相干,哪些事会干扰你工作目标的实现,相信你会毫不犹豫地将它舍弃或排除。

设定适合自己的工作目标不是件容易的事情,往往需要经过多次的调整。选择合适的目标十分重要,合适的目标能推动我们快速走向成功;不合适的目标,如果固执地去坚持,会导致南辕北辙,离我们的目的地越来越远。

在职业生涯中,对于自己确定的目标,应把握好坚持与放弃的分寸。

工作目标的调整,实际上是一种动态调整,是随机转移。工作目标的调整主要有以下几种形式:

第一,主攻方向的调整。

如果原定工作目标与自己的性格、才能、兴趣明显相悖,这样,目标实现的概率趋向于零。这就需要适时对目标作横向调整。要及时捕捉新的信息,确定新的、更易成功的主攻目标。

扬长避短是确定工作目标、选择职业的重要方法。在人类历史上,大量人才成败的经历证明,人们可以在某一方面具有良好的天赋和能力,但不可能有多方面的强项。因此,每个人也应根据当时形势的变化,根据自身的特点、能力,适时调整不适合自己的工作目标。

第二,寻找工作目标的动机。

制定成功的工作目标以前,必须明了到达此目标的动机。这是因为实现人生目标,尤其是成功的目标,需要强大的、永不枯竭的动力。而要有这种动力,就要先有正确的动机,即要明了"为什么要这么做"。动机让人在遇到困难时保持坚定的意志,让人的内心燃烧"肯定"的火焰,从而"否定"外在的各种障碍。

第三,工作目标要符合自己的价值观。

俗话说,女怕嫁错郎,人怕入错行。选错了目标的人,会浪费大好时光。许多人偏离了生活的正路,就在于没有弄清他们的人生价值,常常把

习惯决定成败

选错了目标的人，会浪费大好时光。

精力消耗在毫无意义的事情上。唯有目标和价值观完全相符，才能使人的心灵得到欣慰和满足。

如果一个人希望做出不凡的成就，那就是按照自己的价值观确定工作目标。一切正确的决定，都植根于正确的价值观。成功的工作目标是价值观的灿烂之果。

要保持高效率，制定目标就不应该仅此一次，没有人把目标确定了，实现了，就躺下睡觉。确立的目标要时时检查、规划、执行，并以发展的眼光来评估，客观情况有时需要你在一些方面灵活处理。你的观点变了，目标就要调整。要记住，在实现目标的过程中，你自身的提高其实是比达到既定目标更加重要的。

03 一次只打开一个抽屉

18 世纪发明家兼政治家富兰克林在自传中曾说:"我总认为一个能力很一般的人,如果有个好计划,是会有大作为的。"目标能帮助我们事前谋划,目标迫使我们把要完成的任务分成可行的步骤。把你的计划想象成是许多个小抽屉的一个组合。你的工作只是一次拉开一个抽屉,令人满意地完成抽屉内的工作,然后将抽屉推回去。不要总想着所有的抽屉,而要将精力集中于你已经打开的那个抽屉。

每一位员工都想不断地提升自己,从而达到更高的成功程度。那么,自我提升的最好方法之一就是跟着自己的工作目标前进。

工作目标犹如一盏阿拉丁神灯,它能帮助我们实现自己的愿望,但是常常有人说:"我的麻烦出在没有工作目标。"他的话表明了他不明白工作目标的真实含义,实际上对工作产生兴趣并从工作中获取快乐,就是我们人生的目的。因此,每个人要有工作目标,问题是我们能否付诸行动去实现此目标。

同时,我们应牢记:有什么样的工作目标就会有什么样的人生,工作目标对于我们人生就好像播下的种子。因此,如果我们盼望充分发挥潜能,那么就要制订一个宏伟的工作目标。

我们不妨一起来看一下富兰克林·罗斯福是如何实现自己的"工作目标"的。

8 岁的富兰克林·罗斯福是一个脆弱胆小的男孩,脸上总是显露着惊惧的表情。在学校里,如果喊他起来背诵课文,他就会两腿发软,颤抖不已! 回答得含混不清,然后就颓丧地坐下来,脸色难看极了。

但是,他从小心中就有一个伟大的梦想——一定要成为伟大的人,这就是他所谓的"工作目标"。

习惯决定成败

正是因为有了这一目标,他最后终于摆脱了消极心理的影响,他的缺陷促使他更加努力地去奋斗,他并没有因为同伴对他的嘲笑而失去勇气。

他用坚强的意志,咬紧自己的牙床使嘴唇不颤抖而克服恐惧。就是凭着这种精神,凭着对自己未来的设想,保持积极的心态,不断努力奋斗,罗斯福最后终于当上了美国总统。

假如罗斯福只是看到自己身体的缺陷,不去订立目标,那么,一生也不会有什么大的作为。

罗斯福成功的主要因素在于他有明确的奋斗目标。想成为伟大人物的愿望,激发起了他的积极心态,并朝着这一伟大的目标前进,最终实现了自己的梦想,改变了自己的命运。

杰瑞是一位拥有出色业绩的推销员,他一直都希望能跻身于最高业绩人员的行列中。但是一开始这只不过是他的一个愿望而已,从没真正去争取过。直到五年后的一天,他看到了这样一句话:"如果让目标更加明确,就会有实现的一天。"

他当晚就开始设定自己希望的总业绩,然后再逐渐增加,这里提高5%,那里提高10%,让杰瑞高兴的是,顾客增加了20%,甚至更高,这更激发了杰瑞的热情。从此,他不论什么状况,每个交易,都会设立一个明确的数字作为目标,并在两三个月内完成。

　　杰瑞说："我觉得，目标越是明确越感到自己对实现目标有股强烈的自信与决心。"他的计划里包括：地位、收入、能力，他把所有的访问都准备得充分完善，相关的业界知识加之多方面的努力积累，终于在第一年的年终，使自己的业绩创造了空前的记录，以后的效果更佳。

　　人一旦拥有了明确的工作目标，再增加一定能成功的信心，也就是已经成功了一半。但是要想获得另一半的成功和行动，尚需付出坚持不懈、锲而不舍的努力，把全部的注意力集中于工作目标之上，直到你实现工作目标。

　　以下是各领域的成功人士的一些经历，可能对职场的员工实现其目标会有一些有益的启示：

　　李斯特在听过一次演说后，内心充满了成为一名伟大律师的欲望，他全身心地专注于这项目标，结果成为美国最出色的律师之一。

　　伊斯特曼致力于生产柯达相机，这为他赚取了数不清的金钱，也为无数人带来了无穷的乐趣。

　　海伦·凯勒专注于学习说话，因此，尽管她又聋、又哑，而且又盲，但她还是实现了她的这个目标。

　　可以看出，所有出类拔萃的人物，都把某一个明确而特殊的目标当作他们努力的主要推动力。

　　每位员工可能都有自己的奋斗目标，那么，集中所有的精力和心态去坚持不懈地追求，放弃其他无关的事情，你绝不可能失败。

　　优秀的员工是那些全力以赴、锲而不舍提升自己的人，他们一锤又一锤地敲打着同一个地方，直到实现自己的愿望。所有的成功者都是那些在自己的领域无所不知，对自己的目标坚定不移，做事专心致志、精益求精的人。

　　立刻行动吧！制定目标、变目标为现实，你会发现你离成功已越来越近。

04　把工作和爱好结合起来

在摄取财富的进程中,选择一个自己感兴趣的工作,对于一个人来说非常重要,它可以使你工作起来充满快乐和灵感。如果把工作与自己的爱好结合起来,我们就会产生巨大的热情去工作,也会有事半功倍的效果。

一位成功者说:"人们成功的几率和他们对工作的兴趣指数成正比。"一个人要从事内心所喜爱的工作,他的工作潜能就会得到最大程度的发挥,就能最大程度地体现自身价值。

对于每个工作者来说,对工作的态度往往会比工作本身更重要。的确,一个人要在工作上有所成就,除了客观条件与能力外,更需要积极的态度。事情的结果往往跟我们热心的程度成正比。

态度不同,结果就会有所不同。积极的态度会使你在工作中发挥更大的作用,从而取得成功。

马丁·路德金说:"如果一个人是清洁工,那么他就应该像米开朗琪罗绘画、贝多芬谱曲、莎士比亚写诗那样,以同样的心情来清扫街道。他的工作如此出色,以至于天空和大地的居民都会对他注目赞美:瞧,这儿有一位伟大的清洁工,他的活儿干得真是无与伦比!"

解决一个很感兴趣的问题时,灵感会源源不断地涌现;而从事一件讨厌的工作时,灵感几乎等于零。我们很难想象,一个对自己所从事的工作没有丝毫兴趣的人,能在自己的工作岗位上干出一番轰轰烈烈的事业;我们也很难想象,一个对于自己正在做的事情没有一点兴趣的人,能把这件事情做好。如果我们热爱自己的工作,再把我们的爱好融入工作中,就能全心全意地投入到工作本身去,那么,原本令我们厌烦的、艰苦的工作就会变成推动、丰富和完善我们生活的一种神奇的工具。

　　张师傅是一位机械师,已经从事了二十几年的机械工作。他一直不喜欢自己的工作,想转行,却迟迟下不了决心。如果突然换一份其他工作,会感到很不适应,尽管不喜欢,却无法抛开累积二十多年的机械专业知识。

　　他想改变,但又抛不开过去的包袱,所以至今无法突破。

　　这的确是一个非常矛盾的事情,不过,既然知道自己再继续做下去也不会有兴趣,就应该果断地做出决定:转行! 做自己喜欢的事情毕竟是令人兴奋的,也更容易激发自己的想象力和创造力,并最终取得卓越成就。

　　当你做自己感兴趣的事情时,体内的血压和荷尔蒙的分泌会很均衡正常,这是生命力的作用,会促使你产生好的印象,思考自己喜欢的问题,即使不能立刻寻到答案,也会在睡梦中继续不厌倦的思考。

　　现实中的绝大多数人,一生中相当长的一段时间都用在了工作上。

如果在这一生中的绝大多数时间里,始终心不在焉甚至感到厌恶,如果一直都处于这样一种生存状态之中,这对于生命本身来说,岂不是过于悲哀了吗?

每个人都有其独特的兴趣、爱好、特长、技能,但能在工作中充分发挥天生潜质的人并不多见,虽然也有可能成功,但花费的力气远远大于会利用自己的兴趣和爱好的人。所以,你也应根据自己的兴趣和爱好来选择相关的职业,把兴趣、爱好与工作结合起来,这样你会得到更多的快乐和更高的成功。

05 不要盲目"随大流"

每个人都是独立的个体,而且有思想,会思考,无论遇到什么问题都有自己独立的见解。爱默生曾经说过:"要想成为一个真正的'人',首先必须是个不盲从的人。你心灵的完整性事不容侵犯的……当我放弃自己的立场,而想用别人的观点去看一件事的时候,错误便造成了……"

曾有这样一位著名的作家,他比较喜欢去一所偏远的山区学校向学生和老师讲授自己的写作心得。因为他渊博的知识与和蔼可亲的处世方式,他受到了老师和学生的热烈欢迎。当他要离开时,许多学生都依依不舍,他十分感动,于是答应学生,下次再来时,如果哪位学生能将自己的课桌椅收拾得干净整洁,他将送给这名学生一件珍贵的礼物。

这位作家离开后,每逢星期一的早晨,所有的学生一定会将自己的桌椅收拾得干干净净,因为星期一是作家前来拜访的日子。只是,他们不能确定作家会在哪一个星期一的早晨到来。

其中有一名女学生的想法和其他同学不一样,她非常想得到这位作家的珍贵礼物,生怕作家会临时在星期一以外的日子突然带着自己的礼物到来。于是,每天早上,她都会将自己的桌椅收拾得干净整洁。

但往往上午收拾妥当的桌面,到了下午又是一片凌乱,而这位女学生又担心作家会在下午到来,于是,下午又收拾整洁。但是,她想想又觉得这样也不行,万一这位尊敬的作家在一个小时后突然出现在教室,也许会看见自己的桌面凌乱不堪,便决定利用每次课间休息时,把自己的课桌整理一番。最终,她如愿以偿地获得了这位著名作家赠送的一套珍贵的礼物——一套精美的世界名著。

很多人都觉得,让自己静下心来进行一番独立的思考是件很麻烦的事情。所以,在处理问题的时候,养成了盲目"随大流"的习惯。结果,让自己在工作和生活中,失去了正确的判断力。

1. 任何时候都要保持清醒的头脑

一个人在任何时候都能保持清醒的头脑,对自己的工作进行深入思考,才能够赢得别人的尊重。

著名的指挥家小泽征尔被认为是世界三大交响乐指挥家之一。他年轻的时候,在参加一次欧洲的交响乐指挥大赛的决赛时,按照评委给他的乐谱指挥乐队演奏。指挥中,他发现有不和谐的地方,最初他还以为是乐队演奏错了,就停下来重新指挥演奏,但还是不行。"是不是乐谱错了?"小泽征尔问评委们,但是,在场的评委们都口气坚定地说乐谱没有问题,"不和谐"是他的错觉。

习惯决定成败

小泽征尔稍稍思考了一会儿,突然大吼一声:"不,一定是乐谱错了!"话音刚落,评委们立刻报以热烈的掌声。

原来,这是评委们为参赛者专门设计的一个精美"圈套"。虽然前几位参赛者也发现有些不对,但遭到权威的否定后便以为这仅是自己头脑中的一个错觉。而小泽征尔却相信自己的判断,并不盲从权威,最终夺取了这次大赛的桂冠。

在任何时候都保持清醒的头脑,才能够对事情进行深入的分析,并按照自己独立思考所确定的标准,决定自己的行动步伐。

的确,一个人,只要认为自己的立场和观点正确,就应勇敢地坚持下去,而不必在乎别人如何去评价。例如,我们提出一项工作方案,可能会听到许多的反对意见,他们从自己的角度出发考虑问题因此不赞成我们的做法。面对这种情况,如果我们不能保持清醒的头脑,独立思考,而是过多地顾虑别人的看法和议论,不敢坚持自己的想法,我们就会犹豫不决,错失良机。

有一次,卡耐基问依莲娜·罗斯福是如何处理那些不公正的批评的,因为她拥有的热情的朋友和怀有恶意的敌人,恐怕比任何住过白宫的人都多。

依莲娜说,她小的时候很害羞,很怕别人说她。后来,她的姑妈,也就是老罗斯福总统的姐姐,看着她的眼睛说:"不要理会别人所说的话,要保持自己头脑清醒,做自己认为对的事情。"多年后,她入住了白宫,在做事中仍旧始终遵循着这个原则。

2. 正确的判断源于独立思考

一个缺乏独立思考的头脑,往往随着别人的看法来辨别是非,按照别人的想法来为人处事,结果丧失了独立的个性,导致错误的判断,从而影响了自己的工作和事业。

有这样一个民间故事:

从前,有一对住在偏僻乡村的父子赶着一头驴到集市上去。半路上有人批评他们太傻,放着驴不骑,却赶着走。父亲觉得有理,就让儿子骑驴,自己步行。没走多远,又有人批评他们:"怎么儿子骑驴,却让老父亲走路呢?"父亲听了,赶忙让儿子下来,自己骑到了驴身上。又走不多远,有人批评说:"瞧,这当父亲的,也不知心疼自己的儿子,只顾自己舒服。"父亲想,这可怎么办好呢?干脆两个人都骑到驴背上。结果又有人为驴打抱不平了:"天下还有这样狠心的人,看,那驴都快被压死了!"父子俩脸上都挂不住了,索性把驴绑上,两人抬着走……

现实生活中有许多人经常犯这样的错误,在做事或处理问题时没有自己的思想,根本不会独立的思考,常常屈从于他人的看法,无法对事情做出正确的判断,往往人云亦云,完全按照别人的思想行事。结果,自己把自己给毁了。

古时有一名将军,对元帅非常忠心,唯命是从,即使元帅的命令不符合实际,他也从未提出过质疑。有一天,元帅把这位将军叫到他的营帐,告诉他:"你已经被罢免了,可以还乡种田去了。"

"为什么?你的命令我都服从了。"

"但是,我不需要一个只会传达命令,而没有自己见解的将军。因为,这样的将军在战争中无法做出正确的判断,会导致军队的败亡。"

由此可见,在工作中服从上司虽然是件很适意的事,但久而久之,恐怕自己便渐渐懒得独立思考,从而无法对事物做出正确的判断。所以,在工作中,我们要保持自己独立思考的习惯,这对确定自己的事业航向有着极大的帮助。

格伦·琼斯是琼斯闭路电视网有限公司的主管。早年,当他提出要创立一所以闭路电视为主的空中大学时,没有人支持他的想法。许多银行家和投资人对他这种想法也都持反对态度。但是,他在经过许多个日夜的斟酌后,确信自己的这一想法是个好主意,便按照自己的想法行事,而后来的发展恰恰证明了他想法的正确性。

不论遇到何事,一定要独立思考,而不是在关键时刻丧失自己的主见、随波逐流、屈从于他人的意见,只有这样,人才有可能成长并且走向成功的道路。

索菲娅·罗兰是意大利著名影星,曾获得1961年奥斯卡最佳女演员奖。在她年轻的时候,当她来到罗马要圆演员梦时,就听到了许多不利的意见。有许多演艺圈的人说她个子太高,臀部太宽,鼻子太长,嘴太大,下巴太小,根本不像一个电影演员,更不像一个意大利式的演员。而制片商卡洛看中了她,带她多次试镜,但摄影师们都抱怨无法把她拍得美丽动人,因为她的鼻子太长,臀部太"发达"。于是,卡洛对她说:"如果你想干这一行,就得把鼻子和臀部动一动手术。"

但是,索菲娅·罗兰断然拒绝了对方的要求:"我为什么非要长得和别人一样呢?我知道,鼻子是脸庞的中心,它赋予脸庞以性格。我就喜欢我的鼻子和脸保持它的原状。至于我的臀部,那是我身体的一部分,我只想保持我现在的这个样子。"索菲娅·罗兰决心不靠外貌,而是靠自己内在的气质和精湛的演技来取胜。她没有因为别人的议论而停下自己奋斗的脚步,反而因为坚持自己的想法,获得了成功。当她成功之后,那些关于她"鼻子长,嘴巴大,臀部宽"的议论自动停止了。相反,她最后还被评为"20世纪最美丽的女性"之一。她在自传中写道:"自我开始从影那天起,我就按照自己的想法行事,我谁也不模仿,也从不奴隶似的跟着时尚走。我有自己的想法,也有自己的判断,我只要求我就像我自己。"

中国有句成语叫做"三思而后行",意思是说思考是我们工作和事业的指南。没有独立思维方法、生活能力和主观的人,只会人云亦云,随波逐流,生活、事业更无从谈起。只有把别人的话当参考,按着自己的主张走,一切才处之泰然。

06 每一份工作都付出100%的努力

努力是成功的捷径之一,而且是成功必须付出的代价。你要想成功,要想做得更好更出色,那么你就必须付出100%的努力。否则,成功不会属于你。人的品格是在工作中表现出来的。无论从事何种工作,我们都要认真对待,都要付出 100% 的努力。

一个刚毕业的大学生到单位报到,见到单位的领导后,大学生问:"你是单位的最高领导吗?"领导说:"是的。""那你是什么级别?"大学生问。"处级。"领导回答。"就处级啊? 这就是说,我在这里最高才能当处级?"大学生很失望,不久就跳槽了。

许多刚刚迈入职场的年轻人,对自己的期望值很高。在他们看来,自己是"人才",因此,在工作中应当受到重用,得到丰厚的报酬。

每年都有许多大学生找不到工作,他们的就业标准是大城市、大公司、高收入,因此,很多工作他们都瞧不上眼。成了一大批社会上的"失业者"。事实上,刚刚踏入社会的年轻人既缺乏工作经验,又缺乏对社会的了解,一般情况下是不可能被委以重任的,自然,其工资报酬也不会很高。他们需要在工作中一步步地学习,不断地磨炼自己、完善自己,逐渐地成熟,然后才可能被委以重任,获得较高的报酬。也就是说,他们先要从"跑龙套"开始干起。

每一个人刚开始工作时都要"跑龙套",问题的关键在于,在"跑龙套"的时候,不要忘了香港喜剧影星周星驰的那句话——"我是一个演员"。这也许正是周星驰成功的秘诀——即使是做一个跑龙套的,他仍旧认真地去做,并且,他经常不厌其烦地向别人和自己强调:"我是一个演员。"周星驰早期角色出现在 1983 年香港无线版的《射雕英雄传》里。在剧中,他扮演的是宋兵甲,在剧中只有一个镜头。和剧中众多的大明星相比,他是一个真正的"跑龙套"的。"跑龙套"无疑是演员的最低层。但是,正如周星驰所说的那样,跑龙套的也是演员,也需要用演员的要求来要求自己,也需要像演员那样去思考和工作。

每一个人都希望自己能尽快成功,从一开始就能够担当重任,很快就取得成就。但是,这样的事少之又少,不能把希望寄托在"天上掉馅饼"之类的美梦上。对大多数人来说,从"跑龙套"开始,一步一个脚印地向上走,是一种必然的选择。

　　中国职业经理人中鼎鼎有名的吴士宏1985年进入IBM公司时,最初所从事的工作是"办公勤务"。什么是"办公勤务"?就是行政工作中"跑龙套"的。

　　每一个员工都要去"跑龙套",原因很简单,成功与在校成绩、文凭并没有什么必然的联系。当一个员工刚刚从事一项工作时,即使他在学校非常优秀,即使他相信自己是"人才"(可能事实上也是如此),但事实上他对工作一无所知,缺乏相关知识、相关经验,还不具备相应的人脉,而这些,只有通过"跑龙套"才能获得。

　　一个永远值得我们记住的哲理是:成功永远不在于一个人知道了多少,而在于他努力了多少。

07　更新知识

　　要进步,就不能固守头脑中旧有的模式;要进步,就不能拒绝更新头脑中的理念。敞开胸怀,勇于汲取他人的成功经验以丰富自己的智慧;放低姿态,在自己的实践中去收获新思想、新认识,这样才能使你跟得上时代发展的步伐。

当今社会,科技不断发展,知识更新的速度也越来越快,每个人既得的知识和技能很快就会变得陈旧过时。

这绝非危言耸听,美国职业专家指出,现在职业半衰期越来越短,所有高薪者若不学习,无需 5 年就会变成低薪。一个重要原因就是就业竞争加剧,据统计,25 周岁以下的从业人员,职业更新周期是人均一年零四个月。当 10 个人中只有 1 个人拥有电脑初级证书时,他的优势是明显的,而当 10 个人中已有 9 个人拥有同一种证书时,那么原有的优势便不复存在。未来社会只有两种人:一种是忙得要死的人,另外一种是找不到工作的人。因此,不断地学习才是百战百胜的利器。

事业、工作是获得幸福的源泉,但是,世界上的一切事物都在不断发展,因此,工作中要获得新的成就,人们要得到新的幸福,必须不断地更新知识。

年轻的彼得·詹宁斯是美国 ABC 晚间新闻当红主播,他虽然连大学

都没有毕业,但是却把事业作为他的教育课堂。在他当了 3 年主播后,毅然决定辞去人人艳羡的主播职位,到新闻第一线去磨炼,干起记者的工作。他在美国国内报道了许多不同方面的新闻,并且成为美国电视网第

习惯决定成败

一个常驻中东的特派员。后来他搬到伦敦,成为欧洲地区的特派员。经过这些历练后,他重新回到 ABC 主播台的位置。此时,他已由一个初出茅庐的年轻小伙子成长为一名成熟稳健而又受欢迎的记者。

专业能力需要不断提升,因此在学习时,结合职业目标来确定、选择与自己专业接近的学习目标最容易实现。同时,在职场中,每个人还应该向周围的人学习。学习是无止境的,同时获得知识的范围也是没有任何界限的,你的上级、你的同事、你的客户,都可以成为你某方面的老师。他们是你身边生动的学习样板,取人之长,补己之短,吸取他人的经验,增长自身的才干。良好的职场社交不仅为你提供了很多工作方面的帮助,同时也是很好的学习机会。人际交往中各种信息的交流,也是你获得知识的重要渠道。从人格高尚和富有才华的人士身上,不仅可以学习到做人的品格,还可以进行学识方面的交流。

自强不息、随时求进步的精神,是一个人卓越超群的标志,更是一个人成功的征兆。在职场中向周围的人学习,不仅能帮助你在本专业领域内得到更多的知识,还可以激发自我学习的动力。因为周围的人大多数是与你的条件或目标相类似的人,相似性与可比性使得他们的成绩特别具有说服力,能够达到激励自己的目的,从而早日走向成功。

工作是学习的殿堂。无论我们在工作生涯的哪一个阶段都不应该停下学习的脚步。不断地更新我们所掌握的知识和技能,对于自身的提高都是很有价值的宝物。

知识是无价之宝,能使人们获得无限的财富,而汲取宝贵知识的重要方法就是不断学习。从某种意义上来说,学习已成为现代人的第一需要。我们必须抱定这样的信念:活到老,学到老。应该切记:一刻也不放松的人,是最难战胜的劲敌。

08　突破自我，打破常规思维

一种思想历久不衰并不是好事，因为思想本身最终总是要变得陈腐的。人是社会的，总是不断把社会推向进步和光明。大多数人总是自觉不自觉地依照以往熟悉的方向和路径进行思考，而不会另辟新路，总觉得创造神秘，似乎只有极少数人才能办到。

每个人要想突出自身的创造力，必须敢于打破思维的条条框框，敢于

等小象长成大象后，
它就甘心受那条铁链的限制，
而不再想逃脱了。

创新。曾经有一位社会学家做了一项调查后得出结论：凡是能够打破常规思维的，都能在人生之路上赢得成功。很多时候，我们没有成功，只是因为我们心中有一种局限，不能突破自我。

亨利在看完马戏团精彩的表演后，随着父亲到外面去观看表演完的动物。亨利注意到一旁的大象群，问父亲："爸爸，大象的力气那么大，为什么它们的脚上只系着一条小小的铁链，难道它们不能挣开那条铁链逃跑吗？"父亲笑了笑，耐心地为儿子解释："没错，大象是挣不开那条细细的铁链。在大象还小的时候，驯兽师就是用同样的铁链来拴住小象。那时候的小象，力气还不够大。小象起初也想挣开铁链的束缚，可是试过几次之后，知道自己的力气不足以挣开铁链，也就放弃了挣脱的念头。等小象长成大象后，它就甘心受那条铁链的限制，而不再想逃脱了。"

驯兽师聪明地利用了一条铁链限制了大象。而在工作环境中，是否也有许多铁链在束缚着我们？很多时候，我们并没有意识到这一点，将其视为理所当然。于是，我们独特的创新精神被抹杀，认为自己无法成功。在一定意义上，创新与成功是一致的，要成功必须创新。

在现代职场中，许多员工抱着自己的老观念不放，不去主动接受新鲜的思维，进行脑力革命。他们认为创新是老板的事，与己无关。自己只要做好分内的工作，对得起那份薪水就可以了。

千万不要这想，要知道，在成功的道路上，不要指望未来某个不确切的时候"情况将会好转"，而将就着过日子。如果你不打破常规，那些转机将永远不会有。要想提升自我，高人一筹，"创新"是你最大的成功砝码。

许多事业上的成功人士都是以创新取胜的。他们一般都不是那种从常规去考虑问题的人，而是能够站在创新的立场上考虑各种问题的人。他们知道创新意识和快速应变能力是事业成功的关键。尤其在当今政治、经济飞速发展的时代，创新尤为重要。

几年前，乔治进入美国某大电机制造公司的洛杉矶营业所工作，进入公司后，他就下定决心把自己的工作做好。他不计较其他的推销员的推销比他多或少，只顾全心全意地做自己应做的——到商店销售更多的收音机。

推销工作干起来并不轻松。在商标意识相当浓厚、形成连锁经营的超级商场上，要说服人们去购买一种名气不大的公司的产品，当然不是一件容易的事。经过苦思冥想，乔治设计出一套新的营销战略：

首先锁定几家连锁商店的特约经销处，然后过段时间定期巡访，拟定各种展示方法。最后对于连锁店的各直销店，积极展开销售工作。

各连锁商店对于乔治的新方式和服务相当满意，各店的销售量不断增加，也由此对乔治渐生好感。过去没有销售过这种收音机的商店，现在也开始向乔治订货了。采用新形式的商店越来越多，乔治的销售成绩也直线上升，一跃登上销售冠军的宝座。

纽约的总公司对这位自有一套销售方法的年轻人甚为关注。公司的销售主管赶到洛杉矶，实地调查原因，当他听了乔治的说明后，相当佩服他的创造性。不久，乔治被调到总公司，成为公司销售部的零售主管。

所以任何成功，首先来源于独特的创新意识。一个创意可以赢得一场战争，一个创意可以救活一个企业，一个创意可以改变一个人的一生，一个创意可以创造一个奇迹！

一位哲人告诉我们："做人做事不要轻易就被一个成规束缚住。"常规思维是前进的绊脚石，真正成功的人，本质上流着叛逆和创新的血。只有创新才是推动事业发展的动力，只有勇于创新精神的人才是真正的成功者。

我们要创新，要推出新见解，独出心裁，只有这样，才能在激烈的竞争中始终处于领先地位，反之，思想僵化、墨守成规，就必然落后于时代前进的脚步，甚至会被飞速发展的时代所抛弃。只有善于捕捉时机，敢于打破常规，我们的工作和生活才能出新、出彩。

09　保持良好的工作形象

有些人，在智商方面、能力方面可能并没有什么超常的地方，但他们借助良好的工作形象,使其成长并且走向成功的道路。

根据行销学定位法则,产品定位就是要强调"在顾客心目中是什么,"而不是"产品本身是什么"。好的产品形象,一定要深入人心,把产品宣传得尽善尽美。产品尚且需要有良好的形象才能推销出去,现在的职场人士要想成功,更需要树立良好的工作形象。

员工的形象代表着公司的形象,代表着公司的面子。因此,除了在语言上要注意之外,在衣着上,也要穿着得体,符合公司的形象。

身体的外表被认为是内在的反映。衣着,对一个人的影响非常大。你每天都要与许多人打交道,但这种交道是频繁而又短暂的,要给别人留下一个深刻的印象并不容易。和别人交往的短暂瞬间,将自己干净、整洁的健康形象展示给对方,以形成良好的视觉"冲击力",别人自然而然就会对你心生好感。讲究仪表,就会让你气度不凡;干净利落,才能让人耳目一新,大加赞叹。在公司中穿戴得体,衣着整洁,自然会赢得同事们的喝彩。

衣着能显示一个人的修养、情操和品行,它往往是信用的象征、个性的展现,当然不能忽视。美国出了一本《成功的穿衣法》,以具体数字印证成功人士与穿衣之间有着密切的关系。

对于那些在社会上谋生的人来说,关于衣着的最佳建议可以概括为一句话:"衣着不需要昂贵,但必须得体。"

在工作中要想得心应手,游刃有余,除了要穿着得体之外,还应让良好的形象在工作细节和小事上充分体现出来,这样更能显示你的魅力。

凌乱的办公桌一定不会给你带来好心情,光是看见桌上堆满了文件、资料、备忘录等等就足以让人产生混乱、紧张和忧虑的情绪,给自己造成无形的压力,导致身心疲惫,大大降低你的工作热情和工作效率。

保持办公桌的整洁干净,为自己营造一个良好的工作环境,你便可以有条不紊地处理任何事情,对工作应对自如。这样,在同事中也可以有一个好的印象,你自己也会受益无穷。

美国西北铁路公司前董事长罗兰·威廉姆斯曾经说过:"那些桌子上老是堆满乱七八糟东西的人会发现,如果你把桌子清理一下,只留下手边

待处理的,会使你的工作进行得更顺利,而且不容易出错。这是提高工作效率和办公室生活质量的第一步。"

著名心理学专家理查·卡尔森有一个被命名为"快乐总部"的办公室。那里的一切,包括办公桌都是那样整洁、有序,处处给人以明亮、宁静之感。去拜访他的人都喜欢到他的办公室中,而且在离去时心情总是比来时要好得多。

良好的工作形象可以替代财富。对于那些有良好形象的人,所有的大门都向他们敞开。即使他们身无分文,也随时随地会受到人们热情的接待。而他们在成功的道路上也将会畅通无阻。

第五章

修正你的不良习惯

　　失败者和成功者之间惟一不同点,在于他们不同的习惯。良好的习惯,是打开成功之门的钥匙。不良的习惯,是通向失败的大门。因此,必须克服不良习惯,准备在新的田畦播下新的种子。你可以大声地告诉自己,我要养成良好的习惯,然后全力以赴去实行。

01 懒惰是万恶之源

在生活中,我们常常会遇到这样的人:他们走路散漫,做事拖沓,他们没有雄心壮志和负责的精神,没有上进心,不愿意主动奋斗。他们中即使有些人有远大理想,也从来不肯努力去实现。这些人就是懒惰的人。

阻碍自身发展的最大弱点、制约每个人成功的"大敌",毫无疑问,就是懒惰。成大事者的人生习惯是:必须消灭身上的"懒虫",否则在任何时候你都会是一个平庸者。

懒惰会让人安于现状,逃避现实,并习惯为自己找借口。"事情太困难、时间不够"等理由也会逐渐变得合理,形成根深蒂固的拖延习惯。懒惰的人将很多精力花费在如何逃避工作上,却不肯用相同的精力来完成工作,他们以为自己骗得过老板,却最终愚弄了自己。

懒惰的人只相信运气、机缘、天分之类的东西。看到别人成功,他们就说:"那是幸运!"看到他人知识渊博、聪明机智,他们就说:"那是天分。"发现有人德高望重、影响广泛,他们就说:"那是机缘。"

他们没有见到那些成功之人在实现理想过程中经受的考验与挫折;他们对黑暗与痛苦视而不见,光明与喜悦才是他们注意的焦点;他们不明白没有付出非凡的代价,没有不懈的努力,没有克服重重困难决心,是根本无法实现自己的梦想的。

50多岁的乔治为了不成为懒惰者,竟然写了2500个"请"字,改变了自己的命运,获得了成功。

五年前,乔治遭遇公司裁员,失去了工作。一家6口人的生活全靠他一人外出打零工挣钱维持,生活极其艰难。

为了找到工作,乔治一边打零工,一边到处求职,但所到之处都以其年龄大或者没有空缺为借口把他拒之门外。然而,乔治并不因此而灰心,

他看中了离家很近的一家建筑公司,于是便向公司老板寄去第一封求职信。信中他并没有将自己吹嘘得如何能干、如何有才,也没有提出自己的要求,只简单地写了这样一句话:"给我一份工作。"

建筑公司老板收到求职信后,让手下人回信告诉乔治:"公司没有空缺。"但他仍不死心,又给公司老板写了第二封求职信:"请给我一份工作。"此后,乔治一天给公司写两封求职信,每封信都不谈自己的具体情况,只是在信的开头比前一封信多加一个"请"字。

老板见到第2500封求职信时,再也沉不住气了,亲笔给他回信:"请即刻来公司面试。"面试时,乔治被告之,公司里最适合他的工作是处理邮件,因为他"最有写信的耐心"。

当地电视台的一位记者获知此事后,专程登门对乔治进行采访,问他为什么每封信都只比上一封信多增加一个"请"字时,乔治平静地回答:"这很正常,因为我没有打字机,只想让他们知道这些信没有一封是复制的。"而老板感慨地说:"当你看到一封信上有 2500 个'请'字时,你能不受感动吗?"

如果你不想成为懒惰的人,在认定一个目标之后,就不要犹豫,坚持就是胜利。

一个想要成功的人,必须要有挑战懒惰的意识,强迫自己给自己施压,才有可能变成一个新我。

下面的几种方法可以帮助你克服懒惰的恶习:

第一,每天从事一件明确的工作,而且不必等待别人的指示就能够主动去完成。

第二,到处寻找,每天至少找出一件对其他人有价值的事情,而且不期望获得报酬。

第三,为自己制定一个短期目标,每天坚持去做,使之转化为现实。

逆水行舟,不进则退。回顾过去,当我们遇上猛烈的挫折和困难时,常常能激发自己的潜能;可一旦趋向平静,便耽于安逸、享乐的生活,而不断遭遇失败。懒惰正是我们丧失这种意识的大敌。克服懒惰,正如克服任何一种坏毛病一样,是件很困难的事,但只要你决心与它分手,并持之以恒,那么,灿烂的未来就是属于你的!

02　自作聪明要不得

俗话说"满招损,谦受益",那些骄傲自满,狂妄自大,自以为是的人,必定会招致他人的反感,即便是亲近的人也会厌恶他,离他而去,也会常常暗中吃大亏且不自知。

以色列人被认为是世界上最聪明的人。一位英国人来到以色列观光,他想测试一下事实是否如此。于是他找了 3 个以色列孩子:一个 10 岁的女孩、一个 8 岁的男孩和一个 6 岁的女孩。

这位英国人拿出一只玻璃瓶子,瓶肚很大,瓶口很小。三只刚能通过瓶口的小球正躺在瓶底。小球上各系一根丝绳。他开始宣布游戏规则:这三个小球分别代表你们三个人。这个瓶子代表一口干井,你们正在井里玩。突然,干井冒出水来,水涨得很快,你们必须赶快逃命。记住,我数 5 下,也就是只有 5 秒钟,如果你们谁还没有逃出来,谁就会被淹死在井里了。

于是他把三根丝绳递给了这三个小孩。气氛一下子紧张起来。这位

美国人喊了一声"开始",只见那 6 岁的女孩很快从瓶里拉出了自己的球;接下来是那个 8 岁的男孩,他先是看了一眼比自己大的女孩,接着迅速地将自己的球拉出瓶口,最后是那个 10 岁的女孩,从容又轻捷,全部时间不到 5 秒。

这位英国人看完后惊呆了,本来一场惊心动魄的游戏,怎么竟然这么平静地结束了。他疑惑不解,于是先问那个 8 岁小男孩,你为什么不先逃命? 小男孩摆出一副很勇敢的劲头,手指着那个最小的女孩:"她最小,我应当让她呀!"他又问那个 10 岁的女孩,女孩说:"三个人里我最大,我是姐姐,应该最后离开。"美国人又问,那你就不怕自己被淹死? 女孩答道:

习惯决定成败

"淹死我,也不能淹死弟弟妹妹。"

这位英国人听完后十分感动。他说他在许多国家试过这种游戏,几乎没有一个国家的孩子能够这样完成它。

聪明究竟是什么? 也许当你考察别人是否聪明时,千万别以为自己比别人多长一颗脑袋,这是最聪明的做法。

请不要自作聪明,以为自己比别人总多一点智慧。自以为是的人永远都会伤害到别人。谦虚一点,听取一下别人的意见,肯定会让对方感到满意。

贝齐在一家专门设计花样的画室工作,他主要的工作就是向服装设计师和纺织品制造商推销草图。一连两年,他每个周末都去拜访纽约一位著名的服装设计师。"他从来不会拒绝我,每次接见我他都很热情,"他说,"但是他也从来不买我推销的那些图纸。他总是很有礼貌地跟我谈话,还很仔细地看我带去的东西,可到了最后总是那句话,'贝齐,我看我们是做不成这笔生意的。'"

他们每次一见面,贝齐就拿出自己的图纸,滔滔不绝地讲它的构思、创意,新奇在何处,该用到什么地方。服装设计师每次都不厌其烦的听他说完。

贝齐百思不得其解,后来,他了解到那位服装设计师比较自负,别人设计的东西他大多看不上眼。于是他拿起几张尚未完成的设计草图来到设计师的办公室,"先生,如果你愿意的话,能否帮我一个小忙?"他对服装设计师说,"这里有几张我们尚未完成的草图,能否请你告诉我,我们应该如何把它们完成,才能对你有所用处呢?"设计师仔细地看了看图纸,发现设计的初衷很有创意,就说:"你把这些图纸留在这里让我看看吧。"

一周以后,贝齐再次来到办公室,服装设计师对那几张图纸提出了一些建议,贝齐用笔记下来,然后回去按照他的意思很快就把草图完成了。结果服装设计师非常满意,将草图全部买了下来。

有些人因为有了一点小成绩,便沾沾自喜、得意忘形,自以为自己比其他人都强。然而,不能光只顾高兴,应该想想怎么才能维持好运,永保成功。所以,请让我们时刻保持谦逊的态度,不要自作聪明。

03 不推卸自己的责任

人非圣贤,难免都会有过错。美国前总统西奥多·罗斯福说:"如果自己所决定的事情有 75% 的正确率,你就可以放心地去做了。"罗斯福无疑是 20 世纪最杰出的人物之一,他的最高希望也不过如此,何况你我呢?

在漫长的一生中,谁也不能保证自己永远不犯错。但是,当我们犯了错误以后,怎样来面对自己的错误呢? 比尔·盖茨指出,许多人在犯了错误时,总是不知所措,盘算着是否应该把事实隐瞒起来。

面对错误,虽然大多数人知道自己错了,却没有勇气承认,或把犯错的理由归结于别的因素。只有极少数人能够站出来,勇敢地承担责任:"这件事没成功,是我的错……"。

其实,既然错误已经发生,为何不勇于面对呢? 错误也是一种工作经验,勇于承认错误更是鞭策自己的一种方法。

钻石开地公司是美国一家以钻石开采为主要经营目标的公司。由于一位勘探人员犯了一个错误,没有找到钻石,但是他们却发现了世界上最大的镍矿,结果获得了庞大的利润。我们想一想,如果当初对勘探人员所犯的错误一再怪罪,而不知道运用反向思维,就不可能发现世界上最大的镍矿。

假如你犯了错并且知道责任在所难免时,那就不要推卸,抢先一步承认自己的错误,勇于承担责任。无论老板,还是同事,他们都会接受你、欣赏你的做法。你更可能因为这一举动而获得重用的机会。

李明工程师毕业于名牌大学,有学识,有经验,但犯错后总是自我辩解。他应聘到一家工厂后,厂长对他很信赖,事事让他放手去干。结果,却发生了多次失误,而每次失误都是李明的错,可他都有一条或数条理由为自己辩解,说得头头是道。因为厂长并不懂技术,常被李明驳得无言以对,理屈词穷。后来,厂长看到李明不肯承认自己的错误,反而推脱责任,心里很是恼火,只好让他卷铺盖走人。

松下幸之助说:"偶尔犯了错误无可厚非,但从处理错误的态度上,我们可以看清楚一个人。"老板欣赏的是那些能够正确认识自己的错误,及时改正错误并加以补救的员工。勇于承认错误,可以为自己塑造一种"勇于承担责任"的公众形象。

推卸责任的一个潜在心理意识是,看不见自己的问题。中国有句古训:"知天知地知彼易,知己难",意思是人可以知道除自己以外的任何事情,就是不可自知,说得真好。

尼尔是一家商贸公司的市场部经理,在他任职期间,曾犯了一个错误,他没经过仔细调查研究,就批复了一个员工为华盛顿某公司生产3万部手机的报告。等产品生产出来准备报关时，才发现那个员工早已被"猎头"公司挖走了。这批手机如果一到华盛顿，就会无影无踪，货款自然也会打水漂。

尼尔一时想不出补救对策，在办公室里焦虑不安。这时老板走了进来，看他的脸色非常难看，就想问他怎么回事。还没等老板开口，尼尔就立刻坦诚地向他讲述了一切，并主动认错："这是我的失误，我一定会尽最大努力挽回损失。"

尼尔的坦诚和敢于承担责任的勇气打动了老板，老板答应了他的请求，并拨出一笔钱让他到华盛顿去考察一番。经过努力，尼尔联系好了另一家客户。两个月后，这批手机以比尼尔在报告上写的还高的价格转让了出去。尼尔的努力得到老板的承认。

所以，如果我们在工作中出现失误时，应勇于承担。那些实现自己的目标、取得成功的人，并非有超凡的能力，而是有超凡的心态。他们能积极抓住机遇、创造机遇，而不是一遇到错误就寻找借口。我们必须停止把问题归咎于他人和自己周围的环境，应当勇于承担自己的责任。一旦自己作出选择，就必须尽最大努力把事情做好，一切后果自己承担，绝不找借口，不推卸责任。

04　不让借口成为你成功路上的绊脚石

在生活或工作中，很多人在面临挑战时，总会为自己未能实现某种目标找出无数个理由。那些认为自己缺乏机会的人，往往是在为自己的失败寻找借口。而成功者则不善于也不需要编造任何借口，因为他们能为自己的行为和目标负责，也能享受自己努力的成果。

美国著名行为学专家巴勃曾说："在我们每天的生活中，总会面临各种意想不到的情况。当然最容易给自己找到借口，而让自己平平庸庸、丧

习惯决定成败

失积极工作的心态,这是许多员工最容易患的一种心理病,并且成为他们推脱各种工作风险的理由。"

我们一旦养成这一习惯,就很难根除。如果在工作中以某种借口为自己的过错和失误开脱,第一次你可能会沉浸在借口为自己带来的暂时的安全之中而不自知。但是,这种借口所带来的"益处"会让你第二次、第三次为自己的失败去寻找借口。那是因为在你的意识中,已经接受了这种寻找借口的行为,从而很可能会养成在工作中寻找借口的习惯。这种习惯是十分消极的,它会让你的工作变得拖沓而没有效率,会让你变得消极而最终一事无成。

不找任何借口,面对工作脚踏实地、全力以赴地去做,成功就在你的手中。美国成功学家格兰特纳说过这样一段话:如果你有自己系鞋带的能力,你就有上天摘星星的机会。

但在我们日常生活中却存在很多借口:上班晚了,会有"路上堵车""闹钟不准时"的借口;做生意赔了本有借口;工作不顺利也有借口……只要去找,借口总是有的。这样,你表面上得到了安慰,但是最后你会发现你什么事也做不成!

我们在生活中经常看到这类不幸的事实:很多有目标、有理想的人,他们努力工作,他们奋斗,他们用心去想、去做……但是由于过程太过艰难,他们越来越倦怠、泄气,终于半途而废。到后来他们会发现,如果自己能再坚持久一点,如果能看得更远一点,他们就会成功。请记住:永远不要绝望,就是绝望了,也要再努力,从绝望中寻找希望。永远要保持积极的态度,永远不给自己留退路,永远不找任何借口。

要拒绝借口,并不能只在口头上说说而已,而是要把它彻底落实到自己的行动过程中,才能对自己负责,对公司负责。

体育名将罗杰·布莱克,在体育界可谓知名人士,他曾获奥林匹克运动会400米银牌和世界锦标赛400米接力赛的金牌,可他的出色和优秀并不仅仅是因为他令人瞩目的竞技成绩。更让人为之动容的是,他所有的成绩是在他患心脏病的情况下取得的,他没有把患病当做自己的借口。

　　除了家人、医生和几个亲密的朋友,没有人知道他的病情,他也没向外界公布任何的消息。当在比赛中第一次获得银牌之后,他对自己并不满意。倘若他如实地告诉人们他的身体状况,即使他在运动生涯中半途而废,也同样会得到人们的理解与体谅的,可罗杰并没有这样做。他说:"我不想小题大做地强调我的疾病,即使我失败了,也不想以此为借口。"

　　最可叹的是那些很想上进但又不断给自己找借口浮游徘徊的人,他们不能全力以赴实现自己的目标,也不会断绝自己的后路,更没有义无反顾的气概。他们就这样犹豫不决,从而把重要的问题搁在一边留待以后解决,这正是寻找借口的习惯。

　　无论当前的问题怎样严重,无论是谁,如果存在慢慢考虑或重新考虑的念头,那么,失败的可能是很大的。宁可使你的决断有一千次的错误,也不要养成寻找借口、优柔寡断的习惯。不要让借口成为你成功路上的绊脚石。

05 言语的胜利是空洞的

很多时候,一件事情本身的是是非非其实并不重要,重要的是我们所要达到的目的。顾客和售货员为谁应负责任争得脸红脖子粗,走了冤枉路的乘客和司机为谁没说清楚而大动干戈,何苦呢? 有人说,我就要争这个理儿。是,争下这个"理",的确有一种胜利的感觉,但你想没想到过这个"理"的代价呢?

十之八九,争论的结果会使双方比以前更相信自己是绝对正确的,你赢不了争论。要是输了,当然你就输了;如果你赢了,还是输了。为什么? 如果你的胜利,使对方的论点被攻击得千疮百孔,证明他一无是处,那又怎么样? 你会觉得洋洋自得。但他呢? 你使他自惭,伤了他的自尊,他会怨恨你的胜利,而且一个人即使口服,但心里并不服。

不争辩,放弃无谓的辩解,很可能带给你意想不到的结果。美国威尔逊总统任职时的财政部长威廉·麦肯铎,将多年政治生涯获得的经验,归结为一句话:靠辩论不可能使无知的人服气。

洛克菲勒曾遇到过极为棘手的事情,工人罢工浪潮一直未能平息。在那种充满仇恨的气氛下,洛克菲勒竭力使罢工者接受他的意见,他成功了。他是怎么办的呢? 他先用了几个星期的时间去结交朋友,然后对工人代表进行演说,整场演说都是一篇杰作,它产生了神奇的效果,平息了要吞噬洛克菲勒的仇恨风暴,而且赢得了不少崇拜者。他以提供事实的态度,友善地使罢工工人回去工作,绝口不谈提高工资的事。

要知道,洛克菲勒针对的演说对象是前几天还想把他吊死在酸苹果树上的人们,但他的话甚至比面对一群传教医生还要谦逊和蔼。他的讲话用了这些句子,"我能上这儿来很荣幸""我去过你们的家""见过各位的妻儿""今天我们都是以朋友而不是陌生人的身份在此会面""友善互爱的精神""我们共同的利益""我能在此,完全靠了各位的支持捧场"
等等。

这是那段著名演说的开场白,请注意他在字里行间所流露的善意。

洛克菲勒说:"今天是我一生中最值得纪念的日子,这是我第一次有幸会见这家伟大公司的劳方代表、职员和监工,大家齐聚一堂。我很荣幸到这儿来,而且有生之年将不会忘记这场聚会。这场聚会若在两星期以前召开,我对这里的大多数人一定很陌生,我只认得几张面孔。

"上周我有机会到南区煤矿所有的工棚看了一遍,并且和各代表有过个别谈话。除了不在场的代表外,全部见过了。我拜访过你们的家庭,见过各位的妻儿。今天我们都以朋友的身份见面,不再是陌生人,我们之间已经有了友善互爱的精神,我很高兴有此机会和各位一起讨论有关我们共同的利益问题。

"既然聚会本来是由厂方职员和劳工代表共同参加,我能在此,全靠各位的支持捧场。因为我既非员工代表,也不是劳工代表,然而我深深感到,我跟你们的关系十分亲密,因为就某一点来说,我代表了股东和董

103

事们。"

这一段演说可以说是化敌为友的绝佳例子。

假如洛克菲勒用另一套方法,他和工人们争辩,用严重的事实来吓唬他们,用暗示的语气指出他们错了,用逻辑法则证明他们错了,那结果不言自明:只能是增加更多的愤怒、更多的仇恨和更多的反抗。

释迦牟尼说:"恨不消恨,端赖爱止。"争强疾辩不可能消除误会,而只能靠技巧、协调、宽容以及用同情的眼光去看别人的观点。

聪明的人会装傻,谁是谁非不重要。好汉不吃眼前亏,针尖对麦芒在某些场合是一种耿直与正义的表现,在生活、工作中却不可取,糊涂一下,宽容一下往往是我们处世的一剂良方。

06　浮躁愤怒于事无补

常言道,小不忍则乱大谋。一个人成功与否的标志,不是看他笑得有多美,而是看他是否能笑到最后。古波斯诗人萨迪告诉我们:"事业常成于坚忍,毁于急躁。所以,我们不能让浮躁愤怒左右我们。"

著名的成功学家拿破仑·希尔曾经这样说:"我发现,凡是一个情绪比较浮躁的人,都不能做出正确的决定。在成功人士之中,基本上都比较理智。所以,我认为一个人要获得成功,首先就要控制自己浮躁的情绪。"

在生活中我们经常看见很多人为了一点很小的事情而怒容满面,甚至与其他人大打出手,最终害人害己。"怒从心头起,恶向胆边生",说的就是这个道理。我们每个人都避免不了动怒,愤怒情绪是人生的一大误区,会使人失去理智思考的机会。其实,只要明白事情重要的人都知道自己不该发怒,但主要原因是情绪容易被激化,控制不住自己。情绪一旦被激化就会愤怒不堪,即使只是一点小事,他们也会认为天理不容。心理学家说:"浮躁的情绪容易使人冲动,常常做出与自己意愿相反的决定。"

　　的确,浮躁易怒的情绪给我们带来的危害是比较严重的,你可能从此失去一个好朋友,失去一批客户;你可能从此在领导眼里的形象受到损害,别人也从此开始对你的合作产生疑虑。因此,如果你是一个想成就一番事业的人,就应该时刻注意学会制怒,应该彻底把它从你的生活中赶走。

　　其实,浮躁易怒是一种完全可以避免与消除的行为。拿破仑·希尔告诉我们,如果因小事而浮躁,就找一种发泄的办法,然后平和起来,保持你的精力,以准备大事临头时应付,因为大事是要极大的自制力的。一些小小的烦恼如果不放松出来,便会堆聚成一种长期的积愤,到大事来时便完全不能自制了。

　　理智是控制浮躁情绪的基本保障。也许你是一个能力超群的人,也

许你是一个拥有创新想法与奋斗力量的人,但是,拥有理智就会如虎添翼。下面便是运用理智消除浮躁愤怒情绪的几种具体方法:

第一,当你愤怒时,首先冷静地思考,提醒自己:不能因为过去一直消极地看待事物,现在也必须如此,自我意识是至关重要的。

第二,在你大发脾气之后,大声宣布你又做了件错事,现在你决心采取新的思维方式,今后不再动怒。这一声明会使你对自己的言行负责,并表明你是真心真意地改正这一错误。

第三,当你不生气时,同那些经常与你争辩的同事谈谈心,互相指出对方最容易使人动怒的一些言行。然后商量一种办法,平心静气地交流看法。

第四,不要总是对别人抱有期望,只要没有这种期望,愤怒也就不复存在了。在遇到挫折时,不要屈服于挫折,应当鼓起勇气接受逆境的挑战,这样你便没有空闲来动怒了。

总之,我们要时刻保持清醒的头脑,用理智战胜浮躁。只有这样的人,才是成大事的人。

07 千万不要报复,宽容才是最好的

屠格涅夫说过:"不会宽容别人的人,是不配受到别人的宽容的。"宽容别人的过失能够给自己带来海阔天空的恬淡心境,宽容能化解人际关系危机。宽容是人类生活中至高无上的美德,这种情感能融化心头的冰霜,营造温暖和谐的生活氛围。

比尔·盖茨认为,一个能够开创一番事业的人,一定是一个心胸开阔的人。人要成大事,就一定要有开阔的胸怀。只有养成了坦然面对、包容一些人和事的习惯,将来才会取得事业上的成功。

洛克菲勒就是一位懂得包容和理解别人的人。

　　年轻的洛克菲勒空闲的时间很少,所以他总是将一个可以收缩的运动器——就是一种手拉的弹簧,可以闲时挂在墙上用手拉扯的——放在随身的袋子里。有一天,他到自己的一个分行里去,这里的人都不认识他,他说要见经理。

　　有一个神色傲慢的职员见了这个衣着随便的年轻人,便回答说:"经理很忙。"

　　洛克菲勒便说:"没关系,我可以等一等。"当时客厅里没有别人,他看见墙上有一个适当的钩子,洛克菲勒便把那运动器拿出来,很起劲地拉

这里不是健身房。赶快把东西收起来,否则就出去!懂了吗?

着。弹簧的声音打搅了那个职员,于是那个职员气愤地瞪着他,冲着洛克菲勒大声吼道:"喂,你以为这里是什么地方啊,这里不是健身房。赶快把东西收起来,否则就出去!懂了吗?"

习惯决定成败

"好,那我就收起来。"洛克菲勒和颜悦色地回答着。10分钟后,经理来了,很客气地请他进去坐。

过了一会儿,经理出来了,职员在一旁看见经理毕恭毕敬的态度,才知道眼前的这个人是谁,那个职员觉得他在这里的前程肯定是断送了。洛克菲勒临走的时候,还客气地和他点了点头,而他则是一副不知所措的惶恐样子。他觉得在这个周末的时候,他一定会被辞回家。

但事实上,什么情况也没有发生。洛克菲勒并没有把这件事放在心上。所以说,宽广的胸怀,宽容的态度,在人际交往中至关重要。

如果我们能心存宽容,真诚待人、宽以待人,就会赢得别人的好感、信赖和尊敬,就能较好地与周围人和睦相处,在自己的人生道路上轻松愉快地前行。

著名科学家法拉第,不但以其科学成就名扬四海,而且在工作生活中也是一位受人尊敬的导师。他的助手在评价法拉第时,认为他不仅聪明绝顶,科学业绩硕果累累,而且始终容忍别人的缺点和不足。法拉第的助手德塞先生,起初只懂得一些基础知识,一个偶然的机会结识了法拉第先生,并做了他的助手。由于德塞先生知识不足,以及其他一些小毛病,经常犯一些小错误。他自己都说:"每一次我做错事后,总以为法拉第先生要对我发火,但每次他都耐心地教诲,告诉我争取下一次不再犯同样的错误。"德塞自从做了法拉第的助手以后,就没有再更换工作。尽管这位助手经常犯错,但法拉第从来没有提出更换助手,而是对德塞大加赞赏,他说:"这个年轻人真的不错,当初他的能力不怎么样,经过长时间的学习与锻炼,现在已经是博学多才了。我想,我再也找不到像他这样得力的助手。"接着,法拉第先生又说,"我也有缺点,我是与德塞共勉。"德塞对法拉第给予他的评价非常高兴,他更加努力学习,在他一生中,也有一些不小的发明。而法拉第在审视自己的成绩时,说:"我成功的一半,离不开我的助手德塞先生。"

试想一下,如果法拉第先生不能容忍德塞经常犯错误这一缺点,德塞就不可能永远做他的助手,更不可能在科学探索上也取得成绩。

人非圣贤,孰能无过? 即便是别人犯了错,若能以一颗宽容的心去面对,那么许多矛盾也就迎刃而解了,更不会有什么仇恨和报复,这才是一个人的胸襟和气量。

一个不能容忍别人缺点的人,不可能拥有真正的朋友,而他的人生也难以成功。要改变人生,就要赢得朋友的支持。所以,在面对别人的缺点时,要尽量多一份容忍与理解。

另外,在我们懂得宽容别人之后,也应该多给自己一点点宽容,让自己在宽容里成长。当我们能力不足时,告诉自己:"不要紧,再努力就可以了。"当我们犯了不该犯的错误时,告诉自己:"人生难免不犯错,努力改正就对了。"就如英国戏剧作家莎士比亚所说的那样:"聪明的人永远不会坐在那里为他们的损失而悲伤,却会很高兴地去找出办法来弥补他们的创伤。"我们不能对自己太苛责,那样会使自己陷入颓废,以至于不能自拔。对自己多一点宽容,会增强自信心。

有一位美国商人,精明能干,取得了令人羡慕的成就。但是,因为一次决策失误而损失了一笔非常好的业务,这件事情在业界引起了非常大的轰动,都认为这是一个非常严重的失误。但他自己却是截然不同的态度,他对自己说:"我一生还从来没有过什么过失,不就是这一回吗? 比起那些一生都经常犯错的人,我应该是好多了。这没什么,只是简单的一次经营失误,是可以补救的。而且,这也是学习的机会,我相信自己以后不会再犯类似的错误了。"他之所以能够以如此轻松的心态去处理这件事情,就是因为学会了对自己宽容。假设他不宽容自己,而是苛求自己,可能他就真的一蹶不振了。

宽容是制止报复的良方。善于宽容的人,不会被世上不平之事所摆弄,即使受了他人的伤害,也决不冤冤相报,宽容时时提醒我们自己:"邪恶到我为止。"由此可见,宽容是一种超然的人生境界,是一种退一步海阔天空的释然。

第六章

合理安排你的时间

时间是世界上最平等的资源，每个人每天都拥有 24 小时；时间又是世界上最稀缺的资源，每人每天只有 24 小时。这就要求我们必须懂得充分利用每一分每一秒的时间，时间花到哪里，价值就在哪里，所以只有合理安排好时间，才能得到我们梦想的东西和财富。

01 做自己时间的主人

"勤奋的人是时间的主人,懒惰的人是时间的奴隶。""我们应该成为时间的主人,而不是时间的奴隶。"我们从小就受着这样的教育。可在现实中,我们却不无遗憾地感到,尽管我们很勤奋,绝不懒惰,但我们还是无可奈何地成了时间的奴隶。那么,我们如何检验自己到底是时间的主人,还是时间的奴隶?下面这个例子是不是在你身上也发生过呢?

方小姐和赵小姐为自己没有一副魔鬼身材而发愁,她们一起实施了多次减肥计划。可惜她们走进了一个"误区":要么不吃碳水化合物,要么只吃碳水化合物。她们把吃进去的每一口食物都绘成曲线图,严格地计算着摄入的热量和其中的脂肪含量;把有害胆固醇和有益胆固醇描绘成敌我双方,制成作战图。可惜,这些减肥计划一个也没成功。虽然她们每次减肥时体重都减少了一些,但一旦减肥结束,这些减掉的体重就又反弹,而且体形还比减肥前更"壮大"了。

就像她们投身的减肥计划一样,她们的日常工作也陷入了一团糟。她们每天都要处理大量的事务,力求井井有条,但还是杂乱无章。尽管她们制订了像减肥计划一样的细致的工作计划,可她们的工作还是经常遭到老板的不满和批评,连自己的业余生活也经常被工作挤占。她们发现自己正滑向无法控制生活的深渊。两位小姐败在了时间手下,成了时间的奴隶。

想想看,你是不是每天都很忙,却常常是劳而无功,搞不好还得挨上司一通骂。付出很多,得到的却少。工作是一把双刃剑,要么你为自己快乐的工作,要么你变身为工作狂。实际上,除了工作时间,余下的都是我们自己的,为什么不自己做主呢?以下几个方法,也许能让你轻松解放自己的时间,真正做自己时间的主人。

1. 提高工作效率，避免加班

　　每天按计划完成你的日常工作。准备好一个工作记录本，将每天要做的日常工作记在本子上，上班的时候，先用 20 分钟的时间，把它们分一下类，是事务型的还是思考型的。事务型的工作不需要费多少脑子，按部就班地去做就行了。但要集中处理，不要在做这些工作的时候和朋友聊天，或者在网上浏览其他内容，这些都会转移你的注意力，影响到工作的效率。而思考型的工作需要你动用不少的脑细胞，不断地去思考。不要盲目开始，想清楚要从哪里着手，怎样做才会更圆满。你的上司一般也会给你多一些的时间，比如做个方案什么的，通常也不会要求你"马上"就要把它做好。另外，安排好那些可以随时进行的备用事务，比如你在写文档的时候，可以同时再打开个窗口，测试你新写的程序。一些可以同时进

113

行的工作尽量安排在同一时间进行,这样会为你节省出不少时间。你会觉得,一天的工作并不是那样的"忙",下班了,你可以安心地离开,不必担心上司的责怪。

2. 让你的上司知道,你也有"下班"的时间

小莉被同事们公认为最勇敢的人,为什么呢? 下班时间刚到,她的电脑已经关掉,椅子也空荡荡的了。开始的时候,老板有些不悦:大家都还在忙,她怎么就走了呢? 小莉说:"我今天的工作做完了,明天的工作明天做,为什么一定要耗在公司呢?"确实,小莉的工作完成得不错,老板便也没有什么话说了。久而久之,小莉准点上下班,大家也都习惯了,老板也认可了。所以,每一个员工都应该让自己的上司知道,下班了,完成了当天的工作就可以走了。

3. 享受休假

员工有休假制度,可有些老板通常是不甘心让他认为优秀的员工休假的。为什么呢,他担心经济上的损失,害怕因为"精英"休假客户被别人抢走。如果你有幸成为上司的重臣,而你又不想让你的生活一年到头168 小时的工作,就要适当地享受你的休假。在对上司提出休假申请时,一定要坚持你的意见。任何人都需要有放松的时间,一段时间的放松,会让你有更高的工作效率。另外,在休假时,不要还想着你的工作,担心你不在公司,工作会出什么差错。在休假前,安排好你的工作,这段时间,就放心让别人去做好了。再者,就是通知你的重要客户,让他们知道,你要休假了。你休假了,只要各个方面做好安排,你是可以享受休假的。你完全没有必要成为一天工作24 小时,一周工作7 天的工作狂人。

4. 短暂的"人间蒸发"

某天,我正在上班,QQ 里一个同学说,"我要到你那里去玩儿两天,太累了。"那天是周五,以为他只是开个玩笑。作为一个拥有三四十名员工的小企业的老板,他怎么会舍得这些时间呢? 下午一点,接到他的短信,说他已到了机场,机票已经买好,大概三点多到北京,如果我有时间,去接机。虽然还是有点不信他的话,但我还是准时到达机场,刚到出口

处,就见他扬着手跑过来。没有行李,只背了个电脑包,一副下班的样子。"我出门的时候,秘书刚给我冲了杯咖啡,估计他们以为我出去办事了,一会儿就回去,嘿嘿,没想到,我已经在北京了。"言谈之间,只是说他做得如何累,"周末两天,公司的什么事情我都不管了,看看能有什么事呢?"当然,什么事情也没有发生。而这种小憩式的"人间蒸发",也成了这位朋友减压的最好方法。

02　用最重要的时间做最重要的事

对最高价值的事情投入最充分的时间,你的工作效率一定会提高。当你高效率地利用时间的时候,你对时间就会获得全新的认识,知道每一秒钟的价值,算出每一分钟究竟能做多少事情。这时,若再担心不被提升,就是杞人忧天了。歌德曾经说过:"我们都拥有足够的时间,只是要好好地善加利用。一个人如果不能有效利用有限的时间,就会被时间俘虏,成为时间的弱者。一旦在时间面前成为弱者,他将永远是一个弱者。因为放弃时间的人,同样也会被时间放弃。"

美国著名思想家本杰明·富兰克林有一段名言:"记住,时间就是金钱。比如说,一个每天能挣 10 个先令的人,玩了半天,或躺在沙发上消磨了半天,他以为在娱乐上仅仅花费了几个先令而已。不对,他还失去了他本应得到的 5 个先令……记住,金钱就其本性来讲,绝不是不能'生殖'的。钱能生钱,而且他的子孙还有更多的子孙……谁杀死一头生仔的猪,那就是消灭了它的一切后裔,以至于它的子孙万代。如果谁毁掉了 5 先令的钱,那就毁掉了它所能产生的一切。也就是说,毁掉了一座英镑之山。"

富兰克林通俗易懂地阐释了这样一个道理:时间就是金钱。只有重视时间,才能获取人生的成功。

习惯决定成败

成功人士都是以分清主次的办法来统筹时间,把时间用在最有"生产力"的地方。

每天面对大大小小、纷繁复杂的事情,如何分清主次,把时间用在最有生产力的地方？有三个判断标准:

第一,我需要做什么？

这有两层意思:是否必须做,是否必须由我做。非做不可,但并非一定要你亲自做的事情,可以委派别人去做,自己只负责督促。

第二,什么能给我最高回报？

应该用80%的时间做能带来最高回报的事情,而用20%的时间做其他事情。

所谓"最高回报"的事情,即是符合"目标要求"或自己会比别人干得更高效的事情。最高回报的地方,也就是最有生产力的地方。

第三,什么能给我最大的满足感？

最高回报的事情,并非都能给自己最大的满足感,均衡才能和谐满足。因此,无论你地位如何,总需要分配时间于令人满足和快乐的事情。唯有如此,工作才是有趣的,并易保持工作的热情。

通过以上"三层过滤",事情的轻重缓急很清楚了。然后,以重要性优先排序,并坚持按这个原则去做,你将会发现,再没有其他办法比按重要性办事更能有效利用时间了。

美国伯利恒钢铁公司总裁查理斯·舒瓦普向效率专家艾维·利请教"如何更好地执行计划"的方法。

艾维·利声称可以在10分钟内就给舒瓦普一样东西,这东西能把他公司的业绩提高50%,然后他递给舒瓦普一张空白纸,说:"请在这张纸上写下你明天要做的几件最重要的事。"

舒瓦普用了5分钟写完。

艾维·利接着说:"现在用数字标明每件事情对于你和你的公司的重要性的次序。"

舒瓦普又花了5分钟。

艾维·利说:"好了,把这张纸放进口袋,明天上车第一件事是把纸条拿出来,做第一项最重要的事情。着手办第一件事,直至完成为止。然后用同样的方法对待第二项、第三项……直到你做完为止。如果只做完第二件事,那不要紧,你总是在做最重要的事情。"

艾维·利最后说:"每一天都要这样做——您刚才看见了,只用10分钟时间——如果你相信这种方法有价值的话,让你公司的员工也这样做。这个试验你做多久都可以,然后给我寄支票来,你认为值多少就给我多少。"

一个多月以后,艾维·利收到了舒瓦普寄来的一张2.5万美元的支票和一封信。信上说,那是他一生中最有价值的一课。

五年之后,这个当年不为人知的小钢铁厂一跃而成为世界上最大的独立钢铁厂。

03 只做今天的事

下班了,可能你在所有工作目标后面都画上了"√",长长地出了一口气,终于可以心安理得地下班了。在你刚要伸手关电脑的时候,老板走了过来:

"那个方案做得怎样了?"

"正在做,这周肯定能做完。"

"啊,上次大家讨论过的那个小的方案,是很重要的,能不能先把它做完,如果这个小方案先做完,对公司非常有好处。"

"……"

怎么办?是关上电脑回家,还是继续坐下来把那个所谓的"小方案"做完再走?虽然那个"小方案"对你来说,很容易就可以完成。

你可能会留下来,因为那毕竟只是个"小方案",而且你也对它做过一些思考,只用半小时就可以了。但是,这个方案却是你正在做的那个方案当中的一部分。你并没有计划先将它拆出来,毕竟它只是全局中的一个点。

你完全可以告诉你的老板,这个"小方案"是你正在做的那个方案中的一小部分,如果现在将它拆出来,会影响到要做的事情的整体性,不但不会很快地带来收益,而且还会影响你的工作效率。

只要你跟老板说清楚,一般情况下,他是会同意你的。

每天只做那些计划要完成的工作。那些计划外的,除非重要到今天不去完成公司就会破产,那是无论如何也要完成的。否则,它们便不是今天要做的事情,且将它们搁到一边去吧。

下班铃声响过后仍滞留在公司加班的现象很严重。除了上述原因,也可能是我们自己造成的,"工作还没有完成""上司还没有离开"等,都会有意无意地成为下班不离开公司的理由,但这种想法是极其错误的。

1. 工作没有完成时,留到明天再做。

2. 上司还没有离开时,要昂首挺胸地离开,因为很多上司因为"部下还没走"而不好意思先走。

3. 到以后有计划时,你尽管按计划行事。家庭事务、自我充电和放松、与朋友聚会等,它们与你的工作同样重要。

4. 到点以后没有计划时要注意了,此时最容易造成长时间加班,应该尽量避免这种情况出现。即使没有特别的计划,你也要按时离开公司,去商店或超市购物、到书店看书、回家看电视、和朋友见面交流一下,这些都可以使你的生活变得丰富多彩。最重要的是要给自己设定一个时间限度。就算工作没有完成,也可以留到明早再做。

把今天的工作做好,余下的时间只做自己想做的事。你会慢慢觉得,其实,工作只是我们人生的一部分,当我们以这样的心态认真地对待工作和人生的时候,会发现,时间对每一个人都是丰裕的,在这可以分割的一段段时间内,做每一件事都是有意义的。说自己没有时间,只是我们没有处理好今天的事,留下了未完的尾巴,让人徒生烦恼而已。更何况明天还有明天的事呢!

有这样一个故事:有一位小和尚,每天早上负责清扫寺院。春天,万物复苏,小和尚很高兴每天都能看到小草出土;夏天,每天小和尚都能看到鲜花盛开,这让他很兴奋。很快,秋天来了,在每个冷飕飕的清晨,他起床做的第一件事就是扫落叶。他发现,每一次起风时,树叶总是随风飞舞落下。每天早上都需要花费许多时间才能清扫完树叶,这让小和尚头痛不已。他一直想要找个好办法让自己轻松些。后来有个和尚跟他说:"你在明天打扫之前先用力摇树,把落叶统统摇下来,后天就可以不用辛苦扫落叶了。"

小和尚觉得这真是个好办法,隔天,他起了个大早,使劲儿摇着那些树,树叶哗啦哗啦地落了下来,小和尚把树叶扫得干干净净。一整天,他都非常开心,以为明早就不会有那么多落叶了。

习惯决定成败

　　第二天,小和尚到院子一看,不禁傻眼了。院子里如往日一样还是落叶满地,在风的吹动下,哗哗地响。

　　老和尚走了过来,意味深长地对小和尚说:"傻孩子,无论你今天怎么用力,明天的落叶还是会飘下来啊!"

　　工作中,我们也常常和小和尚一样,企图把明天的工作都在今天解决掉,而实际上,很多事是无法提前完成的。有一位公司主管,工作非常努力。每天工作的 8 小时里,几乎没有休息的时间。常常是一边吃着午饭,一边工作。大家叫他一起吃午饭的时候,他总是说:"我的事还没做完,你们去吧。"或者对他的助理说:"你们吃完了随便帮我带点",或者打电话到公司对面的快餐店订餐,然后继续工作。

　　他常常在 QQ 上给他的助手和同事发出这样的信息:

"明天,你记得提醒我一下,我要到ⅹⅹ公司去联络工作,我怕忘了,唉,忙死了。"

"明天,你记得让小张把那个网上宣传资料更新一下。"

"王总说,咱们要上一项新的业务,明天,你能不能帮我也想想这件事?"

……

明天,明天……明天再说吧,明天的事明天做,这样不好吗?

我们也许能计划到明天的事情,但无法预料明天究竟会有什么事情发生。把明天的事情拿到今天来做,很多时候是徒劳无益的。过多地思考明天的事情,只会占用你大脑的空间和你今天的时间,导致今天的事情无法顺利完成。拖到明天,结果是不能令人满意的。不但会把自己搞得疲惫不堪,也会把工作搞成一锅粥。再悲惨的结局可能是你被老板炒"鱿鱼",而你还觉得万分委屈。

明天会有更多的事情等着你。生活就是如此,你总是有各种各样的事要处理。不仅如此,你的上司、下属、朋友、家人也会不断地给你布置一些新任务,你还有自己的计划、梦想、希望,还有生存的种种压力。特别是在今天,社会的进步、经济的增长、人口流动性的增加、知识快速地更新、人才的激烈竞争,让人人都面临着前所未有的巨大压力,而一个人的时间却又非常有限,事情永远也做不完。

那么,只做今天的事,明天的事就明天做吧,要知道一切工作都是有秩序的,按时间进行就是了。

04 中午前高效率地工作

你是不是有过这样的经历:午餐吃完了,总是觉得有点困倦,趴在桌子上昏昏欲睡。1点钟该工作了,你还是浑身乏力,打不起精神? 然后会

习惯决定成败

对身边的同事说:"怎么回事啊,这么困?""是不是昨晚睡的太晚了?""没有啊,我上午蛮精神的,做了一个计划书,很完美耶。看来是我的生物钟太准了,一到下午就打蔫儿。"

有个做编辑工作,每天要看数万字的稿子,他说:"我几乎一天看6万字,可能一上午就能看4万,而且质量非常好。下午,感觉就不好了,看的少,质量也不能保证。如果我上午只看了3万字,下午只能看2万,晚上就不得不加班了。"

这就涉及一天中的最佳工作时间问题。一般来说,早晨8点半至12点为上午的工作时间,午休1小时,下午到5点下班,实际工作时间为七八个小时。如果单纯从数字方面计算,上午应该完成了全天工作定额的一半。但是事实上,午休前的正午时分是"工作效率的转折点"。一天的工作大部分都在上午完成了。

这是普遍的现象,原因在于,上午人的思考能力最强,脑细胞最活跃,工作效率也就高。下午人的心情松懈,认为完不成任务也没关系,可以晚上加班。

意识到了这个现象,我们不妨从一开始就抱着冲刺的紧张态度,提高工作效率。中午前的时光,你必须保证自己在不被干扰的状态下完成一天中最重要的事情。

首先,把上午的时间充分地利用起来。特别是尽量不用上午的时间开会。如果必须开会,也应尽量减少说话的时间,能用一句话说明白的事不用两句话,能用 5 分钟说完的话,绝不延长到 10 分钟。俗话说:"蛙叫千声,不如晨鸡一鸣。"美国著名作家马克·吐温在回答"演说词长的好还是短的好"时,幽默地说:"有个礼拜天,我到教堂去,适逢一位传教士在那里用令人哀怜的语言讲述非洲传教士的苦难生活。当他说了 5 分钟后,我马上决定对这种有意义的事情捐助 50 元;当他接着讲了 10 分钟后,我就决定把捐助的数目减至 25 元;当他继续滔滔不绝地讲了半小时之后,我又从心里减到 5 元;最后,当他又讲了 1 小时,拿起钵子向听众哀求捐助并从我面前走过的时候,我却反而从钵子里偷走了两块钱。"马克·吐温在这里不是倡导偷钱,而是阐明:同样的说话价值,是和时间成反比的。

其次,制订下班后外出或者约会的计划,这样可以防止下午心情松懈,而集中一切精力完成工作任务。也就是要求自己必须完成本工作日的工作计划。心理学家曾做过一个实验,一项工作如果设定了完成时间,那么人们的工作效率整体看来呈一个波浪形:开始时效率非常高——效率逐渐降低——临近完成时效率上升。这就像长距离的竞走比赛一样,选手的速度同样呈这样一个波浪形。有了这样的计划,你会发现生物钟对你工作效率的影响大大降低了。

然后,你可以把你这一天的工作计划写在一张卡片上,放在自己的口袋里,以便随时提醒自己。当然更好的办法是把卡片放在办公桌上能看得到的地方,上面除了记着你的工作计划,你还可以写上:"我花在打电话上的时间是否太长了?"因为有时候你可能确实用很长时间在打电话,而这个电话其实是无足轻重的。那么这张卡片就可以提醒你缩短打电话的时间,还可以婉转地提醒别人你是有计划的,不要轻易来干扰你。这样你就可以保证每天上午高效率地工作了。

05 用一秒的时间看看终点在哪里

　　龟兔赛跑的故事流传了几千年,可是从来也没有淡出过人们谈论的范围。有的人好像总是和兔子过不去,完全不顾及兔子们的自尊。第一次比赛兔子输掉了,于是它们两个决定再来一场比赛。"出发"的号令一发,兔子便如脱弦的箭一样疾射而出。它一刻也不敢停留,可是它还是输了。为什么? 它跑错了方向。如果那只兔子在比赛前看一看终点在哪里,乌龟哪里能赢得了它呢?

　　小范是个工作能力非常强的人,大家也对他佩服得很,他想做什么便去做什么。几个月不见,他可能已经在做另外的工作了。毕业三年,他的工作换了五六家。他总是说:"那个工作对我不合适,我想我做市场可能更好一些。"去年年底,他又换了工作,到一家做汽车用品的网站做市场。起初,他很有信心,对他来说,这次跳槽使他向理想靠近了一步。可是,忽然有一天,接到他的电话,他说他在我们公司楼下,约我一起吃午饭。

　　期间聊起他的工作,他说他要去应聘一个新的工作。我问他:"你在这个网站的试用期满了没有?""还差个把月吧,我觉得这家公司不太适合我,规模太小了。某大型门户网站正在招聘体育频道的编辑,我也喜欢体育啊,我想做这个肯定合适。另外,它名气也大,如果以后不在那里做了,再找工作的话,也好找一些吧。""人家都要有经验的,到了那里就能很快进入状态的,你没做过这个,可以吗?"我问。"今天我就是去那里面试的,刚好从你这儿路过,约的是下午两点,时间还早,吃过饭再说吧。"

　　他到新浪的应聘最终没有成功。第一次面试便被淘汰了。还好,他在那家汽车用品网站的试用期也满了,并且签了合同。打电话劝他,如果那里还可以的话,就在那里多做些时间吧。

如今,年近三十的小范还是孑然一身,还住在租来的房子里。工资还是三千多元。看看他的同学朋友,大多已经成家,有了自己的房子,有了自己的车子,或者做到了公司的中高层管理职位。大家都是一同参加工作的,别人似乎都比他混得好。

就像那只兔子,假如比赛前它用一秒的时间看好终点在哪里,就不会背道而驰,就不会输掉。

小范在工作以后,假如能拿出一些时间,好好想想自己想做什么,专长又在哪里? 希望通过什么方式来达到自己最终的目的? 他就不会不如他的朋友、同学。否则,即便你是一只有着"高速奔跑"能力的兔子,跑得越快,反而离自己的目标越远。

这是时间管理中一个致命的"红灯区",一旦误入这个"红灯区",我们就背道而驰,就要浪费许多宝贵的时间和精力,延缓成功的步伐。同样,当你失去目标的指引时,势必要迷失方向,误入歧途,浪费时间,所以你首先要清楚自己追求的目标是什么。

法国科学家约翰·法布尔实验中曾经发现了一个有趣的现象:

法布尔把若干个毛毛虫放在一只花盆的边缘上,让它们首尾相接,围成一圈,然后在花盆周围不到 6 米的地方,撒了一些毛毛虫喜欢吃的松针,毛毛虫便开始一个跟着一个地绕着花盆爬行。一小时过去了,一天过去了,毛毛虫们还在不停地转圈。它们一连走了七天七夜,终因饥饿和体力透支而死去。其实,只要任何一只毛毛虫调转了方向,它和它的伙伴就能走上一条生路。

一个人若失去了自己的人生方向,只是一味地随大流,就会落个像"毛毛虫"一样的下场。要知道,目标是做事的原动力,是节约时间的法宝,是走向成功的基石。

对自己没有一个清醒的认识,不知道自己能干什么,想干什么,漫无目的的在职场换来换去,其实也是一种浪费时间的行为。因为不断地变换工作将使你之前所做的一切被否定,包括你所学的技能,你所经营的人

际关系网络,以及你业务知识的积累,而这对你绝对是个大损失。所以,在出发前一定要看清楚终点在哪,确定方向,再朝着那个终点拼搏。而这也许只花费你一秒钟的时间。

第七章

善于运用你的金钱

　　起点相同、机会均等，只有用心去想，用心去做，才能脱颖而出，获得成功，理财也是如此。理财之道，最重要的是要善于运用你手中的金钱，不仅要用钱赚取更多的财富，还要让钱实现更大的价值。

01 金钱不是万恶之源

金钱好吗？许多持有消极心态的人常说："金钱是万恶之源。"但是《圣经》上说："爱财是万恶之源。"这两句话虽然只有一词之差，却有很大的差别。

有人说，有钱不一定快乐，但没钱就一定不快乐！还有人说，钱不是万能的，但没有钱是万万不能的！这是没错的。金钱最大的用处是保障自己和家人的生活，弄清这一点，我们对金钱的追求也就能够知足知止了。其实，金钱在我们生活中起着非常重要的作用，已经成为生活中必不可少的东西。

美国作家泰勒·G希克斯在其所著《职业外创收术》中指出，金钱可以使人们在12个方面生活得更美好：①物质财富；②娱乐；③教育；④旅游；⑤医疗；⑥退休后的经济保障；⑦朋友；⑧更强的信心；⑨更充分地享受生活；⑩更自由地表达自我；⑪激发你取得更大成就；⑫提供从事公益事业的机会。

人类社会发展的历史证明：金钱对任何社会、任何人都是重要的。金钱是有益的，它使人们能够从事许多有意义的活动。个人在创造财富的同时，也在对他人和社会做着贡献。

随着社会的发展，科技的进步，人们对生活水平的要求日益提高。现实生活中，我们每个人都需要拥有一定的财产：宽敞的房屋、时髦的家具、现代化的电器、流行的服装、漂亮的小轿车等等，而这些都离不开钱。人们的消费是永无止境的，当你拥有了自己想要的东西之后，你会渴望得到新的更好的东西。在现代社会中，金钱是交换的手段，金钱就是力量，但金钱可用于干坏事，也可以用于干好事。希尔博士《思考致富》一书激励了成千上万的读者通过 PMA 去取得财富，《思考致富》中提到了下列一些人：

亨利·福特

威廉·里格莱

约翰·洛克菲勒

托马斯·阿尔瓦·爱迪生

爱德华·菲伦

朱利法斯·罗森瓦尔德

爱德华·包克

安德鲁·卡耐基

这些人建立了基金会，直到今天，这些基金会还有超过 10 亿美元的基金，基金会拨出的款项专门用于支持慈善、宗教和教育事业。这些基金会为上述事业捐助的金额每年超过了 2 亿美元。

金钱是好东西吗？我们认为它是好的。

卡耐基——一个贫穷的苏格兰移民的孩子变成了美国最富的人。

他一生都在勤奋地工作，直到 83 岁逝世。在此期间，他一直明智地与人们共享他那巨大的财富。

1908 年，18 岁的希尔访问了这位伟大的钢铁大王、哲学家和慈善家。第一次访问持续 3 小时之久。卡耐基告诉希尔：他最大的财富不是金钱，而是在他的哲学中。他说："人生中任何有价值的东西，都值得为它而劳动。"

应用卡耐基这句自我激励的警句就会得到幸福、健康以及财富。任何人都能学会和应用安德鲁·卡耐基的人生准则。

拿破仑·希尔在这句话的激励下，首次创造出最系统、最全面的拿破仑·希尔成功学。提出了最激励人心的 17 条成功定律。在希尔的成功学的影响和激励下，全世界有上千万的人从一无所有到功成名就。印度圣雄甘地了解了希尔的成功学后，下令全国学习希尔的成功学，这一做法又铸就了不少成功人士。

1. 崇尚金钱也是一种崇高的信念

我们来看看两位励志学家马登的故事和莱茵教授的故事。

习惯决定成败

马登在 7 岁时就成了孤儿,这时他不得不自己去寻找住宿和饮食。早年他读了苏格兰作家斯玛尔斯的《自助》一书。斯玛尔斯同马登一样,在孩提时代就成了孤儿,但是,他找到了成功的秘诀。《自助》一书中的思想种子在马登的心中形成了炽烈的愿望,发展成崇高信念,使他的世界变成了一个值得生活得更美好的世界。

在 1893 年经济大恐慌之前的经济繁荣时期,马登开办了四个旅馆。他把这四个旅馆都委托给别人经营,而他则全身心地投入到写书这一创作中,他要写一本能激励美国青年的书。正如同《自助》过去激励了他一样。

马登把他的书叫做《向前线挺进》。他采用的座右铭是:"要把每一时刻都当作重大的时刻,因为谁也说不准命运何时会检验你的品德,把你置于一个更重要的地方去!"

而此时,命运对他的又一次考验来临了。

1893 年的经济大恐慌袭来了。马登的两家旅馆被大火烧得精光,即将完成的手稿也在这场大火中化为灰烬。

但是马登具有积极的心态。他审视周围,看看自家和他本人究竟发生了什么事。他的第一个结论是:经济恐慌是由恐惧引起的,诸如恐惧美元贬值、恐惧破产、恐惧股票的价格下跌、恐惧工业的不稳定等。

这些恐惧致使股票市场崩溃。567 家银行和贷款信托公司以及 156 家铁路公司都破产了。失业影响了数以百万计的人们,而干旱和炎热,又使得农作物歉收。

马登看着周围物质上的和人们心灵上的废墟,觉得他应该做一些事情来激励他的国家和人民。有人建议他自己管理其他两个旅馆,被他否定了。占据他身心的是一种崇高的信念。马登把这种信念同积极的心态结合在一起,他又着手写一本书。他的新座右铭是一句自我激励语句:"每个时机都是重大的时机。"

他告诉朋友们说:"如果美国有一个时候很需要积极心态的帮助,那就是现在。"

他在一个马厩里工作,只靠 1.5 美元来维持每周的生活,他夜以继日不停地工作,终于在 1893 年完成了初版的《向前线挺进》。

这本书立即受到了热烈地欢迎。它被公立学校作为教科书和补充读本,它在商店的职工中广泛传播,被著名的教育家、政治家以及牧师、商人和销售经理推荐为激励人们采取积极心态的最有力的读物。它以 25 种不同的文字同时发行,销售量高达数百万册。同时,马登也因此成了百万富翁。

马登相信人的品质是取得成功和保持成果的基石,并认为达到了真正完满无缺的品质本身就是成功。他指出了成功的秘密,他追求金钱,但是反对过分贪婪。他指出有比谋生重要千倍万倍的东西,那就是追求崇高的生活理想。

马登阐明了为什么有些人即使已成为百万富翁,但仍然是彻底的失败者。那些为了金钱而牺牲了家庭、荣誉、健康的人,一生都是失败者,不管他们可以聚敛多少钱财。他教导我们,崇尚金钱是一种优良品质,也是一种崇尚的信念,但不要过分沉溺于其中,不要贪财,也不要吝啬。

莱茵的故事同样会对我们有深刻的启发。

许多年前,芝加哥大学的几个学生带着嘲弄的态度去听多伊尔先生关于心理学的演说。然而,他们中间一个名叫莱茵的学生被演说者严肃的精神所感动,开始认真听了。多伊尔先生谈到一些很有声望的人,他们不断地探索心理现象的奥秘。这些人给莱茵留下了深刻的印象,莱茵决定进行调查,并从事一些研究。

北卡罗利纳州杜克大学的莱茵博士谈到他从前听多伊尔先生演说的事时说:"按说有些东西,我作为一个学生,应当早就知道了。但我直到听了他的演讲以后,才开始认识到其中的一些东西。我所受的教育忽视了许多重要的东西,例如求知的方法,我开始看到现今教育制度中的某些缺点。"

他对寻找一种新的求知方法发生了兴趣。他开始憎恨当时的教育制度,按照这种制度探索任何形式、任何论点的真理,都变成了一种戒律。

他产生了一个炽烈的愿望:科学地学习真理,学习运用人的心理力量。

莱茵本来打算把他的一生奉献给大学教学工作,可是,为了实现他的理想,他决定改为从事研究工作。有人告诫他说这会使他失去名誉、优厚的待遇和工资;朋友和同事也都嘲笑他,并且力图劝阻他。他告诉一位身为科学家的朋友:"我必须为我自己探索。"

这位朋友答道:"你要是发现了什么,就留作自己用吧! 没有人会相信你的!"

在过去的 45 年中,莱茵博士面对轻视、嘲笑和不公正的评价进行了不屈的斗争。但在那些年代中,他最感苦恼的就是缺乏必要的财力,不能扩大研究。他惟一的脑电图扫描器是用从废物堆中拾来的一个医院抛弃的机器残骸装配起来的。

今天仍有许多人在探索真理的路途中遇到种种障碍,几乎在任何领域,你都可以找到像莱茵博士那样艰难地献身于自己喜爱的事业的人。

马登追逐金钱,莱茵追逐真理,在一般人的眼里,二者不可相提并论。但是,他们的故事告诉我们,追逐、崇尚金钱也是一种崇高的信念。

2. 金钱可以给人带来幸福

金钱可以做坏事,也可以做好事,关键在于用之有道,金钱除了满足基本生活花费外,还可用于慈善等事业。

洛克菲勒家族通过赠给金钱,给成千上万的人带来了幸福。

在 19～20 世纪之交,许多曾使美国工业蓬勃发展的大人物开始陆续离开人世,他们的庞大家产将落在谁的手中,不少人都极为关心。

人们预料那些继承人大多数将难守父业,会白白地把遗产挥霍掉。

就拿大名鼎鼎的钢铁大王约翰·W 盖茨来说,他曾在钢铁工业界因冒险而赢得"一赌百万金"的称号。后来他把家产传给儿子,儿子却挥霍无度,以致人们给他取了一个诨号叫"一掷百万金"。

人们自然也以极大的热情关注着小洛克菲勒。

1905 年,《世界主义者》杂志发表了一组题为"他将怎么安排它?"的论点,开场白这样写道:"人们对于世界上最大的一笔财产,即约翰·D·洛

132

克菲勒先生的财产今后的安排感到很大兴趣。这笔财产在几年之中将由他的儿子小约翰·戴·洛克菲勒来继承。不言而喻,这笔钱影响所及的范围是如此广泛,以致继承这样一笔财产的人完全能够施展自己的财力去彻底改革这个世界……要不,就用它去干坏事,使文明推迟 1/4 个世纪。"

此时,在老洛克菲勒晚年最信任的朋友牧师盖茨先生的勤奋工作和真心的建议下,他已先后捐了上亿巨款,分别捐给学校、医院、研究所等,并建立起庞大的慈善机构,对所建立的慈善机构,老洛克菲勒虽然进行了大量的投资,但在感情上对这种事业他还是冷漠的。他更看重赚钱这门艺术,怎样从别人口袋里把钱赚到自己手中,是他毕生工作,也是他生活的惟一动力。

这就给小洛克菲勒提供了一个机会,他同时又牢牢地把握住了这一种机会。

他说:"盖茨是位杰出的理想家和创造家,我是个推销员——不失时机地向我父亲推销的中间人。"

在老洛克菲勒"心情愉快"的时刻,譬如饭后或坐汽车出去散心时,小洛克菲勒往往就抓住这些有利时机进言,果然有效,他的一些慈善计划常常会征得父亲的同意。

在12年的时间里,老洛克菲勒投资了约4.4亿元给他的4个大慈善机构:医学研究所,普通教育委员会,洛克菲勒基金会和劳拉·斯佩尔曼·洛克菲勒纪念基金会。

在投资过程中,他把这些机构交给了小洛克菲勒。

在这些机构的董事会里,小洛克菲勒起了积极的作用,他除了帮助进行摸底工作,还物色了不少杰出人才来对这些机构进行管理指导。

从走出大学以来的50年中,小洛克菲勒是父亲的助手,然后全凭自己对慈善事业的热情胸怀和眼力花去了8.22亿美元以上,按照他的看法用以改善人类生活。他说:"给予是健康生活的奥秘……金钱可以用来做坏事,也可以是建设社会生活的一项工具。"

他所赞助的事业,无论是慈善性质还是经济性质,都范围广大而深远,而且经过从头至尾的仔细调查,"我确信,有大量金钱必然带来幸福这一观念并未使人们因有钱而得到愉快,愉快来自能做一些使自己以外的某些人满意的事"。

说这话的人是老洛克菲勒,但彻底使之变为现实的却是他的儿子小洛克菲勒。

对小洛克菲勒来说,赠予似乎就是本职,就是天职,就是专职。

毫不夸张地说,在20世纪上半叶的美国社会生活中,每一个新开拓事业,都深深打上了洛克菲勒家族的烙印。

3. 金钱使你更自信

口袋里有钱,或者银行里有存款,或者保险柜里存放着热门股票,无论那些对富人持批评态度的人怎样辩解,你都必须承认,金钱的确能增强凭正当手段来赚钱的人的自信心。试想一下,你只要钱包里有一张支票,或几扎美钞,你就可以周游世界,买任何钱能买到的东西。

实际生活中的许多事情告诉我们,随着一个人财富的增长,他的自信心也随之增强,所谓"财大气粗",就是这个道理。钱,好比人的第六感官,缺少了它,就不能充分调动其他的五个感官。这句话形象地道出了金钱对于消除贫穷感的作用。

4.金钱使你更充分地表现自我

如果你有钱,你可以不必为几百块钱的开销而操心,你可以潇洒地逛商品市场,自由地出入大酒店。

常常感到拮据的有家的男人,如果他为自己的某种嗜好花了几块钱,会有一种犯罪感。因为这笔钱对他的家人来说可以买到其他必不可少的东西,因缺钱而产生的压力阻止他自己做想好的事,他的欲望受到压抑,他被缚住了手脚。

如果你渴望自由,如果你渴望表现自我,就把它们作为赚钱的动力吧,这种动力也是强有力的刺激源。有人曾这样写道:"让所有那些有学问的人说他们所能说的吧,是金钱造就了人"。

02 养成储蓄的习惯

把钱存在银行里,既不用担心钱会流失,又可以有一笔利息赚。所以说,存钱给人以踏实感,给人以希望,给人以幸福。

存钱是逐步养成的一种习惯。人经由习惯的法则,塑造了自己的个性,这个说法是极为正确的。任何行为在重复做过几次之后,就变成一种习惯。而人的意志也只不过是从我们的日常习惯中成长出来的一种推动力量。

一种习惯一旦在脑中固定形成之后,这个习惯就会自动驱使一个人采取行动。例如,如果遵循你每天上班或经常前往的某处地点的固定路线,过不了多久,这个习惯就会养成,不用你花脑筋去思考,你的头脑自然会引你走上这种路线。更有意思的是,即使你在动身之初是想前往另一方向,但是如果你不提醒自己改变路线的话,那么,你将会发现自己不知不觉又走上原来的路线了。

习惯决定成败

养成储蓄的习惯,并不会限制你赚钱。正好相反——你在应用这项法则后,不仅将把你所赚的钱有系统地保存下来,也使你步上更大机会之途,并将增强你的观察力、自信心、想象力、进取心及领导才能,真正增加你的赚钱能力。

1.债务使人变成奴隶

债务是位无情的主人。债务使人变为奴隶,还可以使人变得不受控制、疯狂、依赖,最后可能会倾家荡产,所以说,人在创业时应尽量少借或不借款,无债一身轻。

柯维有一位很亲密的朋友,他的收入是每个月 1 万美元。他的妻子喜爱"社交",企图以 1.2 万美元的收入来充 2 万美元的面子,结果造成柯维经常背着大约 8000 美元的债务。他家里的每个孩子也从他们的母亲那里学会了"花钱的习惯"。这些孩子们现在已经到了考虑上大学的年龄,但由于家庭负债累累,他们想上大学已经是不可能的事了。结果造成父亲与孩子们发生争吵,使整个家庭陷于冲突与悲哀之中。

很多年轻人在结婚之初就负担了不必要的债务,而且,从来不曾想到要设法摆脱这笔负担。在婚姻的新奇味道开始消退之后,小夫妇们将开始感受到物质匮乏的压力,这种感觉不断扩大,最终导致夫妻彼此公开相互指责,走上法庭离婚。

一个被债务缠身的人,一定没有时间也没有心情去创造或实现理想,结果是随着时间流逝,最后开始在自己的意识里对自己作了种种的限制,使自己被包围在恐惧与怀疑的高墙之中。

"想想看,你自己及家人是否欠了别人什么,然后下定决心不欠任何人的债。"这是一位成功的人士所提出的忠告,因为他正是因为债务而与许多机会失之交臂。但他很快地觉醒过来,改掉乱买东西的坏习惯,最后终于摆脱了债务的控制。

大多数已经养成债务习惯的人,将不会如此幸运地及时清醒及时挽救自己,因为债务就像流沙,能够把它的受害者一步一步地拉进泥浆。

2.只有储蓄才能有备无患

对许多人来说,花钱是个愉悦的享受,储蓄却是一种艰难的过程。但实际上,你完全可以把储蓄看做是一个游戏,一旦你意识到这个游戏充满着乐趣,你就会取得成功。养成把你的收入按固定比例存起来的习惯,即使只是每天储蓄一毛钱也可以,同时,还要把它当作你明确主要目标中的一部分。很快的,这个习惯将控制住你的意识,你将获得储蓄的乐趣。

如果在任何习惯之上建立起其他更为令人渴望的习惯,那么原来的习惯将会中断。"花钱"的习惯必须以"储蓄"的习惯加以取代,以便取得财政上的独立。

仅仅是停止一种不好的习惯是不够的,因为这种习惯将会再度出现,除非它们在意识中的原有地位已被性质不同的其他习惯所取代。如果你决心获得经济上的独立地位,那么,在你克服了对贫穷的恐惧感,并在它的位置上发展出储蓄的习惯之后，要想积聚一大笔金钱，并非难事。

对天才来说，他所拥有的天分可以为他提供许多好处。但事实上，天才若没有钱，他的天分也无法表现，那么，天才只不过是一种空洞虚无的荣誉而已。

爱迪生是世界上最著名也是最受尊敬的一位发明家，但是，我们可以这样说，如果他不养成节俭的习惯，以及表现出他存钱的高超能力，那么，他可能永远是位默默无闻的小人物，永远不被人所知。

一个人想要成功，储蓄存款是不可缺少的。如果没有存款，有两种坏处：

第一，你将无法获得那些只有手边现款的人才能获得的那种机会；

第二，在遇到急需现款的紧急情况时，将无法应付。

3. 存款增加成功的机会

当我们检视世界上那些大大小小的成功创业的经验时，我们发现，他们都有一个良好的习惯，这就是储蓄的问题。即使是在他们经济条件并不宽裕时，他们也努力节衣缩食，一点点积攒、储蓄。他们一旦面临机遇时，这辛苦存下的钱便成为他们成功的起点。

泰桑在费城的一家汽车修理厂工作。他的一位同事在一家储蓄公司开了一个户头，养成了每周存款 5 元的习惯。在这位同事的影响下，泰桑也在这家储蓄公司开了户头。三年后，他有了 900 元的存款，这时，他所工作的这家汽车修理厂发生财务困难，面临倒闭。他立刻拿出这 900 元来挽救这家汽车修理厂，也因此获得这家汽车修理厂一半的股份。

泰桑采取了严密的节约制度，协助这家工厂付清了所有的债务。到了今天，由于他拥有一半的股份，所以每年可从这家工厂里拿到超过 2.5 万多元的利润。如果他未养成储蓄的习惯，那么他永远不会获得这个机会。

福特汽车公司成立初期，亨利·福特急需资金来推动汽车的生产及销售。于是他向一些拥有几千元存款的朋友求援，这些朋友皆伸出手帮助他，凑出了几千元，后来因此获得几百万元的红利。

石油大王洛克菲勒以前只是一位普通的簿记员，他想到了要发展石油事业。在那时候,石油甚至还不被认为是一种事业。他急需资金,由于他已养成了储蓄的习惯,而且也已被证明能够维护其他人的资金,因此,他在没有任何困难的情况下,借到了他所需要的资金。

洛克菲勒财富的真正基础,就是他在担任周薪只有 40 元的簿记员时,所养成的储蓄习惯。洛克菲勒说:对标准公司的成就来说,有足够的金钱和信用与其他方面一样重要。

许多生意人不会轻易把他们的钱交给他人处理,除非这人能够证明他有能力照料自己的钱,并能妥善地加以运用。这种考验是十分实际的,但对那些尚未养成储蓄习惯的人来说,可能就要经常感到很难堪了。

约翰在芝加哥的一家印刷厂工作,他想开家小印刷厂,自行创业。他去见一家印刷材料供应店的经理,表明了他的意愿,并表示希望对方能让他以贷款的方式买一部印刷机及一些小型的印刷设备。

这位经理第一个问题就问:"你自己是否有些存款呢?"

约翰确实存了一点钱。他每个星期固定从他那 30 元的周薪里提出 15 元存入银行,已经存了将近 4 年。最后他获得了他所需要的贷款。后来,对方又允许他以这种方式购买更多的机器设备。后来约翰拥有了芝加哥市规模最大、最为成功的一家印刷厂。

机会无处不在,但只能提供给那些手中有余钱的人,或是那些已经养成储蓄习惯、而且懂得运用金钱的人,因为他们在养成储蓄习惯的同时,还培养出了其他一些良好的品德。

已故的摩根先生说,他宁愿贷款 100 万元给一个品德良好,且已养成储蓄习惯的人,而不愿贷款 1000 元给一个没有品德且只知花钱的人。

4.经济独立才有真自由

如果你没有钱,也没有储蓄的习惯,那么,你永远无法使自己获得任何赚钱的机会。这是一个不折不扣的事实。

几乎所有的财富,不管是大是小,它的真正起点就是养成储蓄的习惯把这个基本原则稳固地建立在你的意志中,你才会在经济上独立。

一个男人因为忽略了养成储蓄的习惯,以至于终生工作劳苦,无法摆脱。这是一个悲惨的景象。然而,在今天的世界上,却有成千上万人过着这种生活。

生命中最重要的就是"自由"。没有经济独立,就没有真自由,这是一件相当可怕的事。一个人被迫待在一个固定的地点,从事一件固定的工作,每天要做上好几个小时,而且要做上一辈子。从某些方面来说,这等于是被关在监牢里,因为一个人的行动已经受到限制。事实上可能还比不上监狱中的"模范囚犯",有时候甚至比一般囚犯还更可悲。因为,被关在监狱中的囚犯,至少不必再费神为自己去找个睡觉的地方,以及为自己找些吃的东西和穿的衣服。

金钱可以使你自信和充分地表现自我,养成储蓄的习惯,经济独立才有真自由。拿破仑·希尔指出,要想逃避这种自由被剥夺的无期徒刑,惟一的方法就是养成储蓄的习惯。然后永远保持这个习惯,不管你必须要做多大牺牲。对于我们上面所指的这几百万人来说,除了这方法之外,再也没有其他方法可以逃避这种困境了,除非你是很少数例外中的一分子。

03　他山之石,可以攻玉

"商业?这是十分简单的事。它就是借用别人的资金!"小仲马在他的剧本《金钱问题》中这样说。

的确,商业其实很简单:借用他人的资金来达到自己的目标。这是一条致富之路。

借用"他人资金"的前提条件是:你的行动要合乎最高的道德标准:诚实、正直和守信用。你要把这些道德标准应用到你的各项事业中去。

不诚实的人是不能够得到信任的。

借用"他人资金"必须按期偿还全部借款和利息。

成功由许多因素组成,而缺乏信用是诸因素中最重要的一个。

富兰克林在 1748 年写了一本书,名为《对青年商人的忠告》。这本书讨论到"借用他人资金"的问题:"记住:金钱有生产和再生产的性质。金钱可以生产金钱,而它的产物又能生产更多的金钱。"

富兰克林又说,"记住:每年 6 镑,就每天来说,不过是一个微小的数额。就这个微小的数额说来,它每天都可以在不知不觉的遭遇中被浪费掉,一个有信用的人,可以自行担保,把它不断地积累到 100 镑,并真正当作 100 镑使用。"

富兰克林的这个忠告在今天具有同样的价值。你可以按照他的忠告,从几分钱开始,不断地积累到 500 元,甚至积累到几万元。希尔顿是一个讲信用的人,他正是按照富兰克林的忠告,在事业上取得了成功。

希尔顿旅社公司过去靠数百万美元的信贷,在一些大机场附近为旅客建造了一些附有停车场的豪华旅社。这个公司的担保物主要是希尔顿诚实经营的名声。

诚实是一种美德,人们一直未能找到令人满意的词来代替它。诚实比人的其他品质更能深刻地表达人的内心。一个人诚实或不诚实,会自然而然地体现在他的言行甚至脸上,以至最漫不经心的观察者也能立即感觉到。不诚实的人,在他说话的语调中,在他面部的表情上,在他谈话的性质和倾向中,或者在他待人接物中,都可显露出他的弱点。

借用他人的资金与一个人的品德密不可分。诚实、正直、守信用和成功在事业中是交错在一起的,一个人具备了其中的第一种——诚实,就能在他前进的道路上获得其余三种。

威廉·立格逊也是一位有信用和诚实的人,他的书特别指出如何在不动产的领域中利用你的业余时间,借用他人资金赚钱。

他在《我如何利用我的业余时间,把 1000 美元变成了 300 万美元》一书中说:"如果你给我指出一位百万富翁,我就可以给你指出一位大贷款者。"他还指出了一些富人,如亨利·恺撒,亨利·福特和瓦尔特·迪斯尼,以证实他的这一说法。

另外还有一些富人,如查理·赛姆斯,康拉德·希尔顿,威廉·立格逊等,都是靠银行家的帮助,靠贷款致富的。

银行的主要业务之一就是贷款。他们借给诚实人的钱越多,他们赚的钱也越多。商业银行发放贷款的目的是为了发展商业,如果为了奢侈的生活贷款是不受鼓励的。

如果你有银行的朋友,你可以找他帮忙,可以倾听他的忠告,因为他也希望你成功。

一个通情达理的人绝不会低估他所借到的一元钱或者他所得到的一位专家的忠告的价值。查理·赛姆斯——一个由美国孩子变成巨富的人,正是使用他人资金和一项成功的计划,同时加上了积极的心态、主动精神、勇气和通情达理等成功原则而取得成功的。

得克萨斯州东北部达拉斯城的查理·赛姆斯是一位百万富翁。然而他在 19 岁时,除去找到了工作和节省了点钱以外,并不比大多数十几岁的孩子更富裕。

查理·赛姆斯每星期六都定期到一家银行去存款,这家银行的一位职员便对他发生了兴趣。因为这位职员觉得他有品德,有能力,并且又懂得钱的价值。所以当查理决定自行经营棉花买卖的时候,这位银行家就给他贷款。这是查理·赛姆斯第一次使用银行贷款,他领悟到——你的银行家就是你的朋友。

这个年轻人成了棉花经纪人,大约过了半年以后,他又成了骡马商人。成功使他深刻地领悟到一个人生哲理——通情达理。

查理当了骡马商人几年之后,有两个人来找他,请他去为他们工作。这两个人已经赢得了卓越的保险推销员的良好声誉。他们来找查理,是因为他们从失败中取得了一个教训。情况是这样:

这两位推销员成功地推销人寿保险单达许多年之久,他们受到激励,自己开办了一个保险公司。他们虽然是出色的推销员但却是蹩脚的商业管理员,因此,他们的保险公司总是赔钱。

要想在商业中取得成功,单靠销售是远远不够的,还需要懂经营、善管理。他们的苦恼就是他们两人中没有一个是优秀的管理人员。但是他

们取得了教训。他们在见到查理时，其中的一个对查理说：

"我们是优秀的推销员。现在我们认识到我们应当坚持自己的专长——销售。"他犹豫了一会，审视着查理的眼睛，又继续说："查理，你有良好的经营知识，我们需要你。这样我们就能成功。"

他们就这样合到一起干起来了。

几年以后，查理·赛姆斯购买了他和那两个推销员所开办的公司的全部股票。当然，他是向银行贷款才获得这笔钱的。记住：他有一位银行家朋友。

在当年，这个公司的营业额就几乎达到40万美元。就在这一年，这位保险公司经理终于发现了一条迅速发展的成功途径，而这条途径正是他长期以来一直在寻找的东西，并且是他从芝加哥一家保险公司应用"提示"成功地发展销售业务中受到的启示。

那时有些销售经理业已多年应用所谓"提示"制度来开拓新的业务。销售员如果有了足够的良好的"提示",就常常能够获得巨大的收入。那些对某种业务有兴趣的人所提出的询问就叫做"提示"。这种"提示"一般是由某种形式的宣传广告而获得了。

由于人害羞或害怕的天性,许多推销员不愿或不敢向那些他们所不认识或以前没有个人交往的人推销东西。因此,他们浪费了大量的时间,他们本来可以用这些时间找到可能成为顾客的人。

但是,即使是一位很一般的推销员,如果他获得那些"提示",就会因受到激励而去访问提出询问并可能成为顾客的人。因为他知道:当他获得良好的"提示"时,即使他并未接受过多的销售训练,也并没有丰富的经验,但他仍能找到合适的销售对象,并成功地销售。

如果没有任何先决条件,一个人被迫去销售,他就会感到恐惧,但如果这个人有了"提示",恐惧感就会消失。有些公司就根据这样的"提示"而制订整个销售计划。

查理·赛姆斯这样正直、有计划而又懂得如何执行计划的人正是属于这个银行的业务范围。

有些银行家不肯花时间去了解他们当事人的业务,而州立银行的职员凯特和其他职员却愿意这样做,查理向他们解释他的计划。如果,他得到了贷款,用以通过"提示"系统,建设他的保险公司。

正是由于这种信贷制度,查理·赛姆斯在短短的 10 年期间把保险公司营业额从 40 万美元发展到了 4000 万美元以上。正是由于他在投资活动中能借用他人奖金,所以他拥有对若干企业利润的控制权。

克里曼特·斯通也是通过借用资金成就自己的事业的。

斯通曾经用卖方自己的钱买了价值 160 万美元的公司。

斯通是这样介绍这笔买卖的:

那时是年底,我正在从事研究、思考和计划。我决定下一年我的主要目标是建立一个保险公司,并使它能获准在几个州开展业务。我把完成此项计划的最后期限定在下一年的 12 月 31 日。

现在,我知道我的目标是什么了,达到这个目标的日期也定了,但是我不知道怎样去实现这个目标。这并不重要,因为我知道我能找到这个途径。因此,我想我必须找到这样一个公司:

1. 它有出售事故和人寿保险单的执照。

2. 它能允许我在各州开展业务。

当然,还有资金问题。但是,我想这个问题我会有办法解决的……

当我分析了我面临的问题时,我认为,首先应当让外界知道我需要什么,从而才会得到帮助。当我发现了我所想要购买的公司时,我当然要遵循他的建议,对双方的协商保密,直到这笔交易完成为止。

所以当我遇到工业界中能给我提供信息的人时,我就告诉他我在寻找什么。

这就是克里曼特·斯通通过借用他人资金达到自己目的的步骤。

虽然这个故事说明借用他人资金能帮助一个人获取成功,但是滥用贷款和不按期偿还贷款则是有害的,它们是造成忧虑、挫折、不幸和虚伪的主要根源之一。

第八章

发掘你的内在潜力

　　一个人能够成功,就一定有他成功的理由。在各种成功的理由中发掘人的内在潜力是最让人敬佩的。每个人身上都有潜力,重要的是我们应该如何发掘它、珍惜它,让我们的人生绽放光彩。

01　每个人都有与生俱来的天分

生活中有很多创造财富的方式,但不是每一种方式都适合自己,也不是每一种方式都能让自己创造出很多的财富。但可以肯定的是,如果能把自己的才能、天分、兴趣运用到工作中,就一定能够成就自己。

歌德曾经说过:"每个人都有与生俱来的天分,当这些天分得到充分发挥时,自然能够为他带来极致的快乐。"如果你想获得这份快乐,首先要做的就是了解自己的优势,了解自己的能力。

如果你丢开自己天赋的优势和才能,在不擅长的领域寻求发展,你很快就会发现,自己就像在泥潭里挣扎一样,无论从事什么职业,都难逃失败的命运。

成功学说:"做自己喜欢和善于做的事,上帝也会助你走向成功。"这是不是应该成为今后我们选择职业的指南针呢?

有些人在智商方面可能并没有什么超常的地方,但借助"上帝之手",他们总有某些特定方面是超出常人的。柯南道尔作为医生并不出名,写小说却名扬天下。每个人都有自己的特长,都有自己特定的天赋与素质。如果你选对了符合自己特长的努力目标,就能够成功;如果你没有选对符合自己特长的努力目标,就很可能会埋没自己。

很多成就卓著人士的成功,首先得益于他们充分了解自己的长处,根据自己的长处来定位。如果不充分了解自己的长处,只凭自己一时的兴趣和想法,那么定位就很不准确,有很大的盲目性。歌德就因没能充分了解自己的长处,立志当画家,结果白白浪费了十多年的光阴。美国女影星霍利·亨特一度竭力避免被定位为短小精悍的女人,结果走了一段弯路。后来幸亏经纪人的引导,她重新根据自己身材娇小、个性鲜明、演技极富弹性的特点进行了正确的定位,出演《钢琴课》等影片,一举夺得戛纳电影节的"金棕榈"奖和奥斯卡大奖。

著名科普作家阿西莫夫一开始想成为一名科学家。一天上午,他坐在打字机前打字的时候,突然意识到:"我不能成为一个第一流的科学家,却能够成为一个第一流的科普作家。"于是,他几乎把全部精力放在科普创作上,终于成了当代世界最著名的科普作家。

纵观古今中外的成功人士,几乎都有一个共同的特征:不论才智高低,也不论他们从事哪一种行业、担任何种职务,他们都在做自己最擅长的事。

很多人往往一时很难弄清楚自己擅长什么,这就需要在实践中发现自己,认识自己,不断地了解自己能干什么,不能干什么,如此才能取己所长、避己之短,进而成就大事。

一位知名的经济学教授曾经引用三个经济原则做了贴切的比喻。他指出,正如一个国家选择经济发展策略一样,每个人应该选择自己最擅长的工作,做自己专长的事,才会胜任并感觉愉快。

第一个原则是"比较利益原则"。当你把自己与别人相比时,不必羡慕别人,你自己的专长对你才是最有利的。

第二个原则是"机会成本原则"。一旦自己做了选择之后,就要放弃其他的选择。两者之间的取舍就反映出这一工作的机会成本,所以你一旦选择,必须全力以赴,增加对工作的认真程度。

第三个原则是"效率原则"。工作的成果不在于你工作时间有多长,而是在于成效有多少,附加值有多高。如此,自己的努力才不会白费,才能得到适当的报偿与鼓舞。

在生活中,谁都想最大限度地发挥自己的能量。但是,由于种种原因,并非都能如愿。在这种情况下,你也不要着急。其实,所谓的生活就如写文章一样,当你发觉笔下的那一句不是自己最满意的词句,或是败笔的时候,那你就暂时停笔思考一下,删除那些拙劣的词句,然后等到的华章涌向笔尖,再继续抒写,直至满意为止。

02　学会自我推销

俗话说:"天下没有免费的午餐。"在现代职场中,你只有学会展示自己,推销自己,才可能获得满意的结果。如果只是一味地等待机会,就如同躺在床上等待小鸟飞到你的手掌心,这样的话,伴随你的也只有一次次的失望甚至是绝望了。

在工作中你可能会发现这样一种现象:一些能力不如自己的同事,他们升职加薪的速度比自己快,他们深受上司的器重,常常被委以重任。

追其原因就在于他们懂得如何推销自己,展示自己。即使你怀有惊世之才,如果没有自我推销的意识,也不会得到别人的注意与赏识,也同样会被埋没。所以在平时的工作中,你一定要主动争取机会推销自己,把自己的能力展示给别人。

第一,善于表现自己的才智。

一个人的才智是多方面的,如果你想要表现你的口语表达能力,就要在谈话中注意语言的逻辑性、流畅性;如果你想要表现你的专业能力,当

老板问到你的专业学习情况时就要详细一点说明,你还可以主动介绍一些与你的专业相关的工作情况;你想要让老板知道你是一个多才多艺的人,那么当老板问到你的兴趣爱好时就要趁机发挥……

老板最喜欢的是员工能给他的意见和观点找出新的论据,这样就可以为老板去教育别人增加新材料。先赞同老板,再提出自己的建议,能达到既让老板感到舒服又可表现出自己的才华的效果,可谓一举两得。

第二,在工作中,每一件事情都要力求完美。

马尔腾说过:"事情无大小,每做一事,总要竭尽全力求其完美,这是成功者的一种标记。"每一个员工都想找到一份合适的工作,使自己有"用武之地"。成功者即使在平凡的岗位,处理细小的日常事务,也会做得十分出色,这自然能更多地吸引老板的注意。成功者每做一事,都不会说"还可以"、"差不多",而是力求完美。他们不仅做到"更好",而且在自己能力范围内做到了"最好"。

第三,懂得运用让老板提升自己的技巧。

人世间到处充满着竞争,尤其是在职场中。在通向金字塔顶端的道路上,每一步都有竞争的足迹。

在公司中,一个职位就有很多竞争者。当你知道某一职位出现空缺而自己完全有能力胜任这一职位时,保持沉默决非良策,而是要学会争取,主动出击,把自己推销给老板,常常能使你如愿以偿。

战国时期赵国的毛遂、秦国的甘罗已为我们做出了很好的榜样。特别是老板已有了指定的候选人,而这位候选人在各方面条件都不如你时,本着对公司负责,更对自己负责的态度,积极主动去争取,过分的谦让只会堵死你的升职之路。

但是当你向老板提出请求时应该讲究方式,不能简单化。宜明则明,宜暗则暗,宜迂则迂,这要依据老板的性格、你与老板以及同事的关系、你的人缘等因素而定。

第四,要善于以退为进

在职位晋升的竞争中,若遇到了"强劲"的对手,应暂时采取迂回策略,以退为进。

在晋升竞争中,不要过分冲动,把自己的急切心情溢于言表,更不要过早地卷入竞争之中,那将给自己的工作带来不利。

冷静的态度可以使我们做出一些比较客观的判断。一旦发现自己在某次竞争中并没有把握取胜,或者不可能取胜,则可以潇洒地退出竞争。

鹰击长空是展示自己;虎啸深山是展示自己。作为人类,更需要展示自己,推销自己,这样,无论在何时何地都会有成功相伴。

03　希望别人怎样对待你，就应该怎样对待别人

人类行为有一条重要的法则,那就是:"尊重他人,满足对方的自我成就感,对方也会尊重你的需要。"如果你遵循了这一法则,就会给自己创造出和谐、快乐的人生;如果你违反了这条法则,就会陷入无止境的挫折和沮丧之中。

在现代职场中,同事之间的关系,已经成为成功必备的条件。如果你

屡屡遭受失败的打击,赶紧静心自省! 自己是否与同事保持良好的关系?

一个职员要想在职场发展顺利,首先就必须与同事建立良好的人际关系,就要避免与同事发生矛盾。

同事之间的矛盾具有很大的杀伤力,因此,矛盾发生了之后,要面对现实,积极采取措施去化解矛盾,同事之间仍会有和好如初的可能。

《圣经·马太福音》中说:"你希望别人怎样对待你,你就应该怎样对待别人。"这句话被大多数西方人视作是工作中待人接物的"黄金准则"。你要坚持善待他人,一点点地改进。过了一段时间后,表面上的问题就会如同阳光下的水,一蒸发便消失了。

如果是深层次的问题,你可以主动找他们沟通,并承认可能是因为你不经意地做了一些事而伤害到他们,并表现出诚心诚意地希望与他们和好。

俗话说:"人缘是个宝"。若想在事业上获得成功,在工作中得心应手,你一定要经常与同事沟通感情,搞好人际关系。

其次,善于为别人留面子。

人与人相处方式很多,聪明人不会把话说死说绝,而是善于给别人留面子。

但很多人却很少考虑到这个问题,他们常在众人面前指责同事,而不考虑是否伤了别人的自尊心。

纵使别人犯了错,而我们是对的,如果不能为别人保留面子,也许会毁了一个人。

小马原先在电气部门时是个一级人才,但后来调入计算部门当主管后,却被发现非其所长,不能胜任。但公司领导不愿伤他的自尊,毕竟他是个不可多得的人才——何况他又十分敏感。于是,上级给了他新头衔:公司咨询工程师——工作性质仍与原来一样——而让别人主管那个部门。

对此小马很高兴,公司当然也很高兴。因为他们终于把这位易暴易怒的明星造就成功,而没有引起什么风暴——因为他被保留了面子。时

时想到保留他人的面子,这是何等重要的问题!

　　第三,不要加入小帮派。

　　在公司里,可能你与几位同事合作比较密切,又比较谈得来,于是你们几个人便经常聚在一起。久而久之,你们的情谊越来越深,工作上也只为你们几个人的利益考虑,把公司利益放在一边,甚至为了你们小集体的事而违反公司的规章制度。就这样,在公司其他同事的眼中,你们形成了一个小帮派。

　　你可能还在为自己结交了几位好同事而高兴,殊不知,老板对于你们的举动已经不满。只要你仔细观察一下,就能发现老板不喜欢那些搞小帮派的人。如果你与他们走得太近,可能就会受到牵连,你必须从小帮派中退出来。否则,一旦老板把你当成小帮派的一员打入黑名单,你就会得不偿失。因为老板对小帮派是不信任的,对小帮派里的人,会有很多顾虑。他会认为小帮派里的员工公私难分,如果提拔了圈内的某个人,而与之关系好的"哥儿们"可能会得到偏爱放纵,对公司的发展不利,对其他员工也不公平。另外,老板会担心小帮派里的人不忠诚,经常聚在一起的人脾气相投,若老板批评其中的某个员工或某个员工与其他同事发生冲突,这几个人会联合起来对付上司,影响公司团结。公司里帮派的存在还会影响公司的利益。

在工作中你一定要注意,千万不能加入已经形成的小帮派。否则,你在公司里的发展前途就基本结束了。

所以,你要在公司里建立起正常、和谐、良好的人际关系,这样可以提升你在公司里的名望和地位,吸引老板的目光,为你的发展铺平道路。

一个真正有远见的人会在与同事一点一滴的交往中为自己积累最大限度的"人缘",同事也给对方留有相当大的回旋余地,而对方也会给你留有余地。总之,你希望别人怎样对待你,你就应该怎样对待别人,这样你才为走向成功铺平了道路。

04 成功从来都属于有准备的人

被动的等待就是浪费时间、错失良机的举动。有许多人终其一生,都在等待一个可以让他成功的机会。而事实上,机会无处不在,重要的在于,当机会出现的时候,你是否已经准备好了。

我们都知道,机遇在一个人的发展中起着重要的作用。抓住了机会,就可以乘风而起,跃上成功的巅峰。如果错失了机会,我们就可能让唾手可得的成功擦肩而过,因而懊悔不已。英国托富勒说:"抓住了机遇,就能成功。"

机遇是一位神奇但又有些古怪的精灵。它对每一个人都是公平的,

习惯决定成败

但它绝不会无缘无故地降生。只有经过反复尝试，多方出击，才能寻觅到它。但那些失败者他们不去努力，只等待幸运之神在某一天突然垂青于自己。而看待成功者，则认为他们纯粹是"命好"，是交了好运。

其实，机遇是等不来的。有一句谚语说："通往失败的路上，处处是错失了的机会，坐等幸运从前门进来的人，往往忽略了从后窗进入的机会！"机遇只垂青有准备的人。

法国科学家巴斯德说："机遇偏爱训练有素者。"中国数学家华罗庚说："如果说，科学上的发现有什么偶然的机遇的话，那么这种'偶然的机遇'只给那些学有素养的人，给那些善于独立思考的人，给那些具有锲而不舍的精神的人，而不是懒汉。"偶然的机会只对那些勤奋工作的人才有意义。

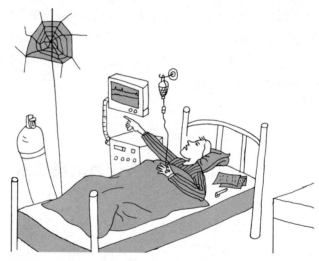

笛卡儿患病期间躺在床上休息，无意中看到天花板上的蜘蛛网，他琢磨着其中的奥妙，创立了新的数学分支——解析几何。伽利略看着被微风吹拂而轻轻摇摆的吊灯，发现了摆的定时定律，并由此而制成了钟表。牛顿因看到苹果从树上掉下，而悟到了万有引力定律……在这些看似偶然的机缘背后，是科学家们长期坚持努力的结果。如果说苹果落地、天花板上的蜘蛛网就藏着"机遇"或"机缘"，那成千上万的研究科学的人，为什么会熟视无睹、发现不了呢？就是因为没有付出努力。一句格言说得好："幸运之神会光顾世界上的每一个人，但如果她发现这个人并没有准备好要迎接她时，她就会从大门里走进来，然后从窗子里飞出去。"可见，机遇处处存在，但能否将机遇变成我们成功的阶梯，则完全在于我们本身。成功的机遇需要每个人确实有效的行动才能抓住。俗话说："天下没有白吃的午餐。"许多人的失败就是因为没有积极行动起来。

人不是靠偶尔撞在木桩上的兔子获得成功的。事实上，通常我们所说的命运的转折点，只是我们之前努力取得的成绩上积累出的机会。美国哈佛大学的著名校训就精辟地诠释了勤奋、机遇和成功三者之间的关系：时刻准备着，当机会来临时你就成功了。

万事开头难。迈出行动的第一步是很艰难的，很多人执迷于周全的计划、详细的考虑，把种种困难全部一起挖出，然后在脑海中寻思各种克服的办法，结果又有新的困难产生，越来越千头万绪，最终被困难的复杂性与庞大性压倒，在行动之前便放弃了。克劳德·普里斯顿曾这样说："我们可以把梦想比喻成利用放大镜烧东西，把焦距调整好才能使阳光的热集中到一点，在太阳的热度还未到燃点之前，你必须紧紧抓住放大镜不动。我们的梦想也是如此，能否实现就看你是否信心坚定，始终不放弃。"

人生伟业的建立，不在于认知，而在于行动。苦思冥想，谋划如何才能有成就，不能代替获得成功的实践。不肯行动的人，事实上等于在做白日梦。这种人不是懒汉，就是害怕挫败的弱者。实际上，再理想的目标、再高的先见之明、再准确的事先判断，如果不付诸实际，也显得毫无意义。因此，要想成功，最重要的便是行动。

说一尺不如行一寸。克雷洛夫说："现实是此岸，理想是彼岸，中间是隔着湍急的河流，行动则是架在河上的桥梁。"行动才会产生结果。行动是成功的保证，任何伟大的目标、伟大的计划，最终必然落到行动上。拿破仑说："想得好是聪明，计划得好更聪明，做得好是最聪明和最好的。"

所以，我们在做一件事情之前，要先有计划，然后付出行动来实施。不要奢望有什么不劳而获的事情发生在你的身上。机遇不会从天而降，

习惯决定成败

这需要自己去创造和争取。即使机遇真的会从天而降,如果你背着双手,一动不动,机遇也会从你身边滑过,落入地下。

可见,成功的秘密在于,当机遇来临时,你已经做好了充分准备,能不让它从你手中溜走。对于那些懒惰者来说,再好的机遇,也是一文不值;对于那些没有做好准备的人来说,再大的机遇,也只不过更表现出他的无能和丑陋,使他变得荒唐可笑。

第九章

积极地迎接挑战

机会不容错过,它有时候改变的不仅仅是我们的命运,而且还可能关系到我们的生命。可惜的是,并不是所有的人都明白这个道理,并不是所有的人都相信机会能改变自己的一生,他们一次又一次地错失机会,到头来只剩下一声声悲叹。

01 创造机会而不是寻找机会

"没有机会"永远是那些失败者的托词。当你对这些失败者进行访问时,他们会告诉你,他们之所以失败,是因为没有得到机会,没有人帮助他们,没有人提拔他们。而且好的地位、高的职位等一切好机会都已被别人捷足先登。总之,上天对不起他们。

然而,机会是创造主体主动争来、主动创造出来的,它绝非上苍的恩赐。我们不难发现,凡是在世界上做出一番事业的人,往往是那些"没有机会"的苦孩子。

法拉第只有药水瓶与锡锅,却发现了电磁感应现象;霍乌只有缝纫针,却发明了缝纫机;贝尔的仪器简陋得不能再简陋,却发明了电话……

伟大的成就和业绩,永远属于那些富有奋斗精神的人们。应该牢记,良好的机会完全在于自己的创造。如果以为个人发展的机会在别的地方,在别人身上,那么一定会遭到失败。机会其实包含在每个人的人格之中。

美国总统林肯年幼时住在一所极其粗陋的茅舍里,既没有窗户,也没有地板。他的家距离学校非常遥远,既没有报纸书籍可以阅读,更缺乏生活上的一切必需品。就是在这种情况下,他一天要跑二三十里路,到简陋不堪的学校里去上课;为了自己的进修,要奔跑一二百里路,去借几本书,而晚上又靠着燃烧木柴发出的微弱火光来阅读。林肯只受过一年的学校教育,但是他竟能在这样艰苦的环境中努力奋斗而成为美国历史上最伟大的总统。

世界上最需要的,正是能够创造机遇的人。培根说:"智者所创造的机会,要比他所能找到的多。正如樱树那样,虽然在静静地等待着春天的到来,而它却无时无刻不在蓄锐养精。"

机遇的抓获，是一个逐步进行优势积累的过程。许多成就大事的人，更多的时候是积极地、主动地争取机会，创造机会。

创造机会需要一种韧劲，需要耐心。当你确定明确的奋斗方向，有坚定的信念，并时时刻刻准备"接纳"机遇时，就可能得到机遇女神的青睐。

02　把机会拽到自己的身边

很多时候，不是机会找你，而是当它来临时，你没有好好珍惜。一念之间，机会转眼消逝，你再怎么可惜也没有用。

习惯决定成败

　　每一个人都想有所作为,把机会紧紧地拽到自己的身边,是成功的关键。只有及时发现机会,把握机会,发挥优势,你才有可能取得成功。然而,有很多人在机会来临之时,并不懂得去抓住它,因此只能一生都陷入平庸之中。

　　有这样一则故事:

　　从前有个基督教徒,他相信上帝无时不在,无处不在。因此他每天都十分虔诚地向上帝膜拜。

　　一次,当地突降大雨,很多地方都被洪水淹没,于是人们纷纷逃命去了。

　　但是,这位基督教徒认为,我是这么虔诚地信奉上帝,上帝应该会来救我的。因此,他没有和众人一起逃生。

　　不久,大水浸过屋顶,刚好有只木舟经过,船上的人要带他逃生。这位信徒胸有成竹地说:“不用了,上帝会来救我的!”木舟就离他而去了。

　　片刻之间,洪水已浸到他的膝盖。刚巧有一艘汽艇经过,拯救尚未逃生者。这位信徒说:“不必了,上帝会来救我的。”汽艇便到别处进行拯救工作。

　　半刻钟之后,洪水高涨,已至信徒的肩膀。此时,有一架直升机放下软梯来拯救他。他怎么也不肯上机,说:“别担心我,上帝会来救我的!”直升机也只好离开。

　　最后,水继续高涨,这位信徒被淹死了。

　　死后,他升上天堂,遇见了上帝。他大叫:“平日我诚心向你祈祷,而当我最需要你的时候,你却让我淹死了。”

　　上帝听后叫了起来:“你还要我怎么样?我已经给你派去了两条船和一架直升机!”

　　这则故事告诉我们:机会不容错过,它有时候改变的不仅仅是我们的命运,而且还可能关系到我们的生命。

　　可惜的是并不是所有的人都明白这个道理,并不是所有的人都相信机会能改变自己的一生,能够让自己一夜成名。于是他们在机会来临的

162

时候,不仅无法认识哪个是机会,更无法谈到利用机会改变自己的命运了。

只要提到手机,人们就会不约而同地想到摩托罗拉,保罗·高尔文就是摩托罗拉公司的创始人和缔造者。他之所以成功,之所以成就了伟大的事业,正是因为他善于抓住难得的机会。曾有人向成功后的高尔文讨教成功的秘诀,这时,他就会讲起自己小时卖爆米花的故事。

高尔文是美国的一户平民家的孩子,11岁那年,他在一个小镇念书。

小镇是个铁路交叉点,火车一般都停留在这儿加煤加水。于是,许多孩子便趁机到火车上卖爆米花,可以赚到不少钱。高尔文觉得这是一次机会。于是,他便利用课余时间,加入了卖爆米花的行列。为了争取顾客,孩子们经常会打起来,但是当"战火"烧到高尔文的身边时,他总能尽快与对方和解,并经常告诉对方:"我们这样搞下去,谁也做不成生意了。"为了增加销量,高尔文除了到火车上叫卖,他还搞了一个爆米花摊床,用车推到车站或马路上叫卖,还往爆米花里加入油和盐,使其味道更加可口。

到了夏天,高尔文又特别搞了一个新产品,他设计了一个半月形的箱子,用带子挎在肩上,在箱子中部的小空间里放上冰淇淋,箱子边上钻了一些小洞,正好堆放蛋卷,然后到火车站去卖。这个新奇的产品,使他的生意非常火爆。于是小镇附近的孩子也纷纷效仿。但高尔文隐隐感到火车站的混乱局面不会维持太久,便在赚了一笔钱后果断地退出了竞争。不出所料,不久之后,车站就禁止一切人进入车站和在车站做买卖。

卖爆米花的这些经历,培养了高尔文的把握能力,这也成了他日后经营生涯中赖以制胜的法宝。从高尔文卖爆米花的经历我们可以得出这样一个结论:只有善于把握机会的人,才能够把握成功。

有些人会因为害怕风险而失去机会,有些人会因过度保守而失去机会,有的人会因为固执已久,听不见他人的忠告而失去机会;总之,机会会光临每个人的生命,但你能在关键时刻把它拽到自己的身边,则要看你个人的知识、心态、判断、决心、勇敢、智慧……

03   跌倒了，也要抓一把沙子

"失败是成功之母",并不是一句空话。一个善于学习的人,不仅能从成功中学习,还要懂得从失败中学习。

松下幸之助曾经说:"没有永远的失败,只有暂时的困难。失败能提供给你以更聪明的方式获取再次出发的机会。"其实,在大千世界里,一生平顺,没遇到失败的人怕是没有的。伟大的牛顿、爱因斯坦、法拉第、诺贝尔、莎士比亚、贝多芬……这一连串名字都曾经与失败连在一起,何况是我们这些普通人。从某种意义上来说,失败是人生走向成功的一个步骤,如果因为失败就一蹶不振,那将永远也不能获得成功。成功学家拿破仑·希尔曾经说:"一个成功的人,最擅长做的事情就是探讨失败。探讨失败的原因,就是找到成功的方法。"

若从不同的角度来看,失败其实是一种必要的过程,也是一种必要的投资。数学家称失败为"或然率",科学家则称之为"实验"。如果没有前面一次又一次的"失败",就没有后面所谓的"成功"。有一位社会学者说:"我对古今中外的科学家做了充分的探讨,任何一项科研项目的成功都不是一次实验就成功,其间都经历了曲折与坎坷。"

失败作为一种事态的结局,对人的影响是非常大的。那些伟大的科学家,在经历了无数次失败以后,依然不放弃对科学真理的追求,他们对失败有了更深层次的认识。心理学家在谈及科学家的失败时说:"对于他们来说,失败就是成功的先期经历,这是每一项科学研究必须经历的。"

日本本田公司在全世界都有口皆碑,其创始人本田宗一郎就经过了一系列的失败以后,通过不断总结学习而获得了成功。本田宗一郎出生在一个贫困家庭里,但是,这个穷学生并不喜欢学校的正规教育,反而对机械研究情有独钟。可是,一个文化教育程度不高的人,想要制造摩托车、汽车,又何尝是一件简单的事情呢? 在本田的一生中,曾经失败过多少次连他自己都不清楚,但是本田能够记得清楚的是,他每次总是要仔细地探讨失败。本田说:"每次失败后,我都要灰心丧气地消沉几天,但是几天过后,我又变得精神抖擞起来。我开始对前几天的失败进行探讨,找出失败的真正原因,然后再提醒自己该从什么地方着手,避免失败。"本田的技术一天天地突破,后来他的公司也在一天天壮大。在短短的几年内就成功打败了几百个竞争对手,立足于摩托车和汽车行业,并取得了令人瞩目的成就。本田在总结自己的成功经验时,说出了令很多人惊讶的话,他说:"感谢失败! 我成功的经验完全来自失败。"本田大胆地承认,自己的成功秘诀全来自于自己对失败的探讨。

在本田公司,如果有失败产生,一定会将这次失败作为公司的重点探

讨专案。公司董事会要针对这次失败仔细探讨,然后将探讨结果向公司所有员工发布。这样的管理方式与模式,在全世界的知名企业里也是很独特的。

可见,失败能够给我们提供很多有用的东西:一些非常可贵的信息和资料;磨炼你的性格,挖掘你的潜能。如果能从失败中吸取教训,积累经验,即使是失败,也能转败为胜,从失败走向成功。

有句话说得好:"最大的失败就是为自己的失败寻找借口。"不愿意面对失败与不肯承认失败同样糟糕。你在失败后若能把它当成人生的一堂必修课,你会发现,大部分的失败都会给你带来一些意想不到的好处!

04 困难附带着等值的成功种子

西方谚语说:"成功者都是咬紧牙关让死神害怕的人。"所以,我们要像成功者那样,咬紧牙关,别松口。当困难来临时,我们千万不能让困难伪装的机会从身边溜走。记得这句话:困难有时附带着等值好处的种子。

中国有句俗语:能吃多大苦,就会享多大福。每一次困难与挫折都附带着等值的成功种子。困难与成功是一对对立的矛盾统一体。在你面对困难的时候,往往也是你增长见识、增加能力、增长成功几率的良好时机。困难是走向成功的必经程序,没有这样的困难你就永远不能成功。在一定意义上说,困难往往载着机会,它会为你带来成功的种子。正像温斯顿·丘吉尔说过的一句话:"困难就是机遇。"

塞万提斯在写《堂·吉诃德》时,正困处马瑞德狱中。那时,他贫困不堪,甚至无钱买纸,在将完稿时,把皮革当做纸张。有人劝一位西班牙成功人士去接济他,那位成功人士回答说:"上天不允许我去接济他,因为唯有他的贫困,才能使得世界丰富!"

监狱往往能唤起高贵的人心中已经熄灭的火焰。《鲁滨逊漂流记》

是在狱中写成的,《天路历程》是在彼特福特监狱中写成的。拉莱在他13年的幽囚生活中,写成了他的《世界历史》。大诗人但丁在流亡的20年中完成了他的伟大作品《神曲》。

犹太人长期以来被压迫,被追赶,被杀戮,但在这样的经历中,却产生过许多最可贵的诗歌、最巧妙的谚语、最华美的音乐。对于他们,"迫害"仿佛总是同"财富"携手而来。犹太人很富裕,许多国家的经济命脉,几乎都是掌握在犹太人手中。

大无畏的人,越为环境所迫,越加奋勇,不战栗,不退缩,胸膛直挺,意志坚定,敢于对付任何困难,轻视任何厄运,嘲笑任何逆境。因为忧患、困苦不足以损他毫厘,反而会加强他的意志、力量与品格,使他成为世间最可敬佩、最可艳羡的一种人物。被人誉为"乐圣"的德国作曲家贝多芬一生遭到数不清的磨难,贫困、失恋甚至耳聋,几乎毁掉了他的事业。贝多芬并未一蹶不振,而向"命运"挑战! 贝多芬在两耳失聪、生活最悲痛的时候,写出了他的最伟大的乐曲。

正如他给一位公爵的信中所说:"公爵,你之所以成为公爵,只是由于偶然的出身,而我成为贝多芬,则是靠我自己。"

遭遇困难是走向成功的必经之路,所以成功人士也是遭遇困难最多的人。人生中两个重要的事实特别显著,一是在人生复杂多变的情况里,不可避免地会遭遇困难,可能只是形式不同,时间不同。二是每一个困难都附带着具有等值好处的种子。

员工在日常工作中也必然会遇到一些困难。例如,忽然有一天,老板将一份非常棘手的工作交给你。这时你可能会想:"老板真是不公平,把这么麻烦的事情交给我,而同事柯尔却每天清闲自得,他比我拿的薪水还多呢!"这样想的确有一定的道理,但是,你不如说服自己:"在老板的心目中,我比柯尔优秀。即使是老板有意优待柯尔,那么如果我把问题解决了,老板也会心知肚明的。"如此,你的心态就会非常开阔,你的努力也不会没有收获。就像当年安德鲁·罗文那样,勇于承担任务,战胜重重困难,最后终于把信送给了加西亚将军。困难承载的机会就是他借此获得的一切,包括财富、荣誉、职位等等。

遇到困难时,记住,只要你积极面对,那一定只是黎明前的黑夜。有句话说得好:"塞翁失马,焉知非福。"

工作中,困难是构成每个人工作和职业生涯的重要组成部分,但它同时会给你带来宝贵的阅历。在每次解决困难的过程中,总结、吸取经验教训,会使你的能力有所提高,在困难中得到历练,业务得以精湛,使工作"游刃有余"。

生活中,我们也常会遇到困难,只要咬牙坚持,并对自己说:"困难附带着等值的成功种子。"那么,一切都会过去,一切都会好起来。

05　人不能两次走进同一条死胡同

如果在人的一生中永远不犯错误,是根本不可能的。但是,在我们犯错误的同时,应当牢记的一个法则是:不要犯同样的错误。

任何人都难免犯错误,然而,聪明的人能够吸取上一次的教训,为防止下一次挫败做好准备;愚蠢的人仍然在犯与第一次相同的错误。所谓"吃一堑,长一智",我们应该从错误中吸取教训,确保下一次不再犯同样的错误,人不应该两次走进同一条死胡同。

从前,有一个猎人,一次,他在打猎时捕获了一只能说 90 种语言的鸟。这只鸟说:"放了我,我将告诉你三条忠告。"猎人回答说:"先告诉我,我保证会放了你。"鸟说道:"第一条忠告是:做事后不要懊悔;第二条忠告是:如果有人告诉你一件事,你自己认为是不正确的就不要相信;第三条忠告是:当你爬不上去时,别费力去爬。"

讲完这三条忠告之后,鸟对猎人说:"现在你该放了我吧。"猎人依照刚才所说的将鸟放了。

这只鸟飞起后落在一棵高树上,它向猎人大声叫道:"你放了我,你真

愚蠢。但你并不知道在我的嘴中有一颗十分珍贵的大珍珠，正是这颗珍珠使我这样聪明。"

这个猎人听了鸟的话后十分后悔自己把鸟给放了，于是他跑到树跟前并开始爬树想再次抓住这只鸟，但是当爬到一半的时候，他掉下来并摔断了双腿。

鸟向他叫道："傻瓜！我刚才告诉你的忠告你全忘记了。我告诉你一旦做了一件事情就别后悔，而你却后悔放了我。我告诉你如果有人对你讲你认为是不可能的事，就别相信，但你却相信像我这样一只小鸟的嘴中会有一颗很大的宝贵珍珠。我告诉你如果你爬不上时，就别强迫自己去爬，而你却追赶我并试图爬上这棵大树，还掉下去摔断了你的双腿。"

"这句箴言说的就是你：'对聪明人来说，一次教训比蠢人受一百次鞭挞还深刻。'"

鸟说完就飞走了。

这则寓言的寓意可谓深刻至极。同样,无论是在生活还是工作中,我们经常听到别人的忠告,有时自己也会对别人提出忠告。所谓忠告,一般都是错误中总结的经验教训,目的就是为了避免下一次犯同样的错误。因此,我们应该从自己成功与失败的经历中得出经验教训,然后根据实际情况灵活运用,避免犯同样的错误。

杰瑞的档案柜中有一个私人档案夹,有一个标示是"我所做过的蠢事",里面记录着他以前所做过的每一件傻事。

每次杰瑞拿出那个"愚事录"的档案,重看一遍他对自己的批评,这样可以帮助他处理最难处理的问题——管理他自己。

豪威尔是一位深谙自我管理艺术的人物,他是美国财经界的领袖,曾担任美国商业信托银行董事长,还兼任几家大公司的董事。他受的正规教育很有限,在一个乡下小店当过店员,后来当过美国钢铁公司信用部经理,并一直朝更大的权力地位迈进。

豪威尔先生讲述他克服危机的秘诀时说:"几年来我一直有个记事本,记录一天中有哪些约会。家人从不指望我周末晚上会在家,因为他们知道,我常把周末晚上留作自我省察,评估我在这一周中的工作表现。晚餐后,我独自一人打开记事本,回顾一周来所有的面谈、讨论及会议过程,我自问:'我当时做错了什么?''有什么是正确的? 我还能做些什么来改进自己的工作表现?''我能从这次经验中吸取什么教训?'这种每周检讨有时弄得我很不开心,有时我几乎不敢相信自己的莽撞。当然,年事渐长,这种情况倒是越来越少。我一直保持这种自我分析的习惯,它对我的帮助非常大。"

豪威尔的做法值得我们每一个人学习。成功人士的经历告诉我们,不吸取教训,不改正错误,是成不了大业的。

有的人常因他人的批评而愤怒,而有的人却想办法从中学习。诗人惠特曼曾说:"你以为只能向喜欢你、仰慕你、赞同你的人学习吗? 从反对你的人、批评你的人那儿,不是可以得到更多的教训吗?"

真正的错误是同样错误的再度反复。第一次不成功并不可耻,可是如果第二次又犯了同样的过错,就不值得原谅了。我们应该在错误中总结教训,这样才能避免再次犯错误。从某种意义上说,避免了犯同样的错误就会走向成功。

06 放弃比失败更可怕

在追求成功与开创事业的时候,几乎每个人都不可避免地要遇到失败,但失败并不可怕。失败是通往成功的阶梯,我们可以从失败中总结经验、教训,寻找机会获得成功。而放弃则意味着没有希望了,也就不可能成功了,这才是真正的失败。所以说,放弃比失败更可怕。

美国大发明家爱迪生曾经说:"在困难面前,只有放弃的人才是真正的失败者。"

除非你放弃,否则你不会被打倒。通常人们被困难击倒的主要原因之一,就是他们自己认为无法抵挡困难,会被困难打败,从而放弃了努力。这就像拳击手上台后发现对手比自己高大强壮就吓晕了一样——你不是被对手击倒的,而是自己把自己打败了!

其实,没有人天生就是赢家,他们成功的关键通常在于决定性的一刻:遇到失败永不放弃。

玛格丽特·米契尔是世界著名作家,她的名著《乱世佳人》享誉世界。但是,这位写出旷世之作的女作家的创作生涯并非我们想象的那样平坦,相反,她的创作生涯可以说是坎坷曲折。玛格丽特·米契尔靠写作为生,没有其他任何收入,生活十分艰辛。最初,出版社根本不愿为她出版书稿,为此,她在很长一段时间里不得不为了生活而担忧。但是,玛格丽特·米契尔并没有放弃,她说:"尽管那个时期我很苦闷,也曾想过放弃,但是,我时常对自己说:'为什么他们不出版我的作品呢? 一定是我的作品不好,所以我一定要写出更好的作品。'"经过多年的努力,她终于完成了《乱世佳人》这部巨著,玛格丽特·米契尔为此热泪盈眶。她在接受

记者采访时说:"在出版《乱世佳人》之前,我曾收到各个出版社 1000 多封退稿信,但是,我并不气馁。退稿信的意义不在于说我的作品无法出版,而是说明我的作品还不够好,这是叫我提高能力的信号。所以,我比以前任何时候都努力,终于写出了《乱世佳人》。"

个人心理学先驱艾尔费烈德·艾德勒说:"你越不把失败当做一回事,失败越不能把你怎么样。只要能保持个人心态的平衡,成功的可能性就越大。"这是个很有力的建议,其实失败很可能是上帝给予我们的奖赏。

成功学大师拿破仑·希尔曾经指出:因为下面这三个原因,失败往往

能够转化成成功的基石:第一,失败可以打开新的机遇大门,迎来新的人生机会;第二,失败可以给骄傲的人注入一针清醒剂;第三,失败可以使人知道什么方法是错误的,而成功又需要什么样的方法。基于上面三个原因,我们应该知道,失败带来的逆境并非都是坏事,关键是看人们对失败的态度如何,它决定着一个人的成败。

失败不能把你打倒,除非你自己认输。失败也并不可怕,可怕的是你放弃。每一个有所成就的人,无不是经历了一个个的失败而走向成功的。因此,要想成功,就不应该放弃,不应该惧怕失败,因为失败是通往成功的铺路石。

07　只要坚持就会有好结果

通向成功之路并非一帆风顺,会遭受很多挫折和失败,成功的关键在于能否坚持。要相信,有失才有得,有大失才有大得。当你似乎已经走到山穷水尽的时候,离成功也许仅一步之遥了。

许多人曾说过这样的话:"为了成功,我尝试了不下千次,可就是不见成就。"这句话可能有些夸张,并非有人能真正去尝试上千次,或许有些人曾试过8次、9次,乃至10次,但因为不见成就,结果就放弃了再尝试的念头。

戴高乐曾经说过:"挫折,特别吸引坚强的人。因为他只有在拥抱挫折时,才会真正认识自己。"如果你真的具有敢去尝试的心态,就一定可以成功。这项心态法则适用于各种失败场合。

每一个奋发向上的人在成功之前都曾经历无数次的挫折、失败。我们需要耐心、努力、坚持,才能汲取经验,得到成功。遇到失败,我们首先要做的就是努力,全力以赴。拿破仑·希尔认为,不管如何失败,都只不过是不断茁壮发展过程中的一幕。

所以,倘若你遇到失败,是全心全意去对付它? 或三心二意? 或仅仅点到为止? 你是否真诚而竭尽全力去解决? 这句话无论重复多少遍也不嫌多:只要你肯一试再试,便能逐渐战胜失败。

你自己努力过吗? 你愿意发挥你的能力吗? 对于你所遭遇的失败,你愿意努力去尝试,而且不止一次地尝试吗? 只试一次是绝对不够的,需要多次尝试。那样你会发现自己心中蕴藏着巨大能量。许多人之所以遭受失败只是因为未能竭尽所能去尝试,而这些努力正是成功的必备条件。

战胜失败的第二个重要步骤是真正学会思考,认真积极地思考。积极思想的力量是惊人的,任何失败均能通过积极思想来解决。

实际上,你一生中会遇到很多失败,不要因为暂时的失败而半途而废。当你遇到失败时,一旦认真进行思考,便很容易找到解决办法,坚持一下,就会拥抱成功。

前面说到的保罗·高尔文后来到部队服役。1918 年,高尔文从部队复员回家,他在威斯康星办起了一家电池公司。可是,无论他怎么努力,产品依然打不开销路。有一天,高尔文离开厂房去吃午餐,回来只见大门上了锁。公司被查封了,高尔文甚至不能再进去取出他挂在架上的大衣。

1926 年,他又跟人合伙做起收音机生意。当时,全美国估计有3000 台收音机,预计两年后将扩大 100 倍。但这些收音机都是用电池作能源的。于是他们想发明一种灯丝电源整流器来代替电池。这个想法本来不错,但产品还是打不开销路。眼看着生意一天天走下坡路,他们似乎又要停业关门了。此时高尔文通过邮购销售办法招揽了大批客户。他手里一有了钱,就办起了专门制造整流器和交流电真空管收音机的公司。可是没到三年,高尔文又破产了。

这时他已陷入绝境,但他依然在坚持。他一心想把收音机装到汽车上,但有许多技术上的困难有待克服。

到 1930 年底,他的制造厂账面上已经亏损 37.4 万美元。在一个周末的晚上,他回到家中,妻子正等着他拿钱来买食物、交房租,可他摸遍全身只有 30 美元,而且还是借来的。

然而,经过多年的不懈奋斗,高尔文最终获得成功,成为百万富翁。他盖起的豪华住宅就是用他的第一部汽车收音机的牌子命名的。所以,做任何事情,都要有始有终,坚持做完,不要轻易放弃。如果放弃了,你就永远没有成功的可能。

那些跌倒了再站起来、掸掸身上的尘土再上场一拼的人,才会在事业上获得成功。

有些时候,也许只是少了那么一点点的坚持,成功就会与你擦肩而过。常言道:坚持就是胜利。人最珍贵的在于有坚持到底的勇气。请记住:坚持一下,再坚持一下,我们就能战胜失败,取得成功。

第十章

正确的思考方法

　　成功=正确的思考方法+信念+行动,正确的思考方法再加上积极进取的精神,可以使一个人获得伟大的成就。人生是一个漫长的过程,工作是一条漫长的道路。改变思考方法,提高思考能力,才能够保证自己每天都有所进步。成功正是基于每天进步一点点。

01 每天都要有所改变

如果一个人每天只是翻来覆去、没有目标地过日子,那他的人生就毫无意义。倘若希望人生是繁荣、和平与幸福,生活就不应是如此单调反复。今天应该比昨天进步,明天比今天更进步,也就是每天都要有所改变。

科拉出生在一个工薪阶层的家庭,因为兄弟姐妹比较多,他高中毕业后,便不得不放弃上大学的机会,到一家百货公司去打工,每周只能赚3美元。但是,他不甘心就这样工作下去,每天都在工作中不断学习,想办法充实自己,努力改变自己的工作境况。

经过几个星期的仔细观察后,他发现主管每次总要认真检查那些进口的商品账单。而那些账单用的都是法文和德文,他便开始在每天上班的过程中仔细研究那些账单,并努力钻研学习与这些商务有关的法文和德文。

有一天,主管十分疲惫和厌倦。看到这种情况,他就主动要求帮助主管检查。由于他干得实在是太出色了,以后的账单自然就由他接手了。

过了两个月,他被叫到一间办公室里接受一个部门经理的面试。这个部门经理的年纪比较大,他说:"我在这个行业里干了40年,根据我的观察,你是惟一一个每天都在要求自己不断进步、不断在工作中改变自己、以适应工作要求的人。从这个公司成立开始,我一直在从事外贸这项工作,也一直想物色一个像你这样的助手。因为这项工作所涉及的面太广,工作比较繁杂,需要的知识很庞杂,对工作的适应能力要求得也特别高。我们选择了你,认为你是一个十分合适的人选,我们相信公司的选择没有错。"尽管科拉对这项业务一窍不通,但是,他凭着对工作不断钻研、学习的精神,让自己的能力不断地提高。半年后,他已经完全胜任这项工

作。一年后,他便接替了这个部门经理的位置。

只有对工作勇于负责,每天都有所改变、有所进步的人,才能够成为一个卓越的职员,并抓住机遇,顺势而上。

每天早晨,我们下定决心,力求自己把工作做得更好些,较昨天有所进步。当晚上离开办公室、离开工厂或其他工作场所时,一切都应安排得比昨天更好。这样做的人,在业务上一定会有惊人的成就。

大多数人的弊病是,他们认为要改变自己是一项一蹴而就的工程。其实改变的惟一秘诀是随时随地地要求自己改进,在工作中不断学习、钻研。从大处着眼,小处着手,随时随地地充实自己,改变自己,从一点一滴的事务中做起,坚持每天提升自己的能力。

"今天我们应该在哪里改进我们的工作?"如果经常在头脑中反复思

考这个问题,一定会有功效。

如果你能在工作中把这句话当作自己的格言,它就会产生巨大的作用,当你随时随地地要求自己不断改变,不断进步时,你的工作能力就会达到一般人难以企及的程度。

的确有许多人希望自己每天都有所改变,尤其是在工作中不断改变自己,提升自己。但是,他们不知道该从何处下手。

一般情况下,首先要改变思考方法,提高思考能力。这样,才能够保证自己每天都有所进步。人生是一个漫长的过程,工作是一条漫长的道路。当你改变了自己的思考方法,提升了自己的思考能力,你就能找到工作中的规律和做事方法。

布留索夫说过这样一句名言:"如果可能,那就走在时代的面前,如果不可能,那就绝不要落在时代的后面。"当今社会是一个知识经济的时代,一个人要想改变自己的思考方法,就要善于在工作中不断学习,掌握工作技巧,构建自己的知识结构,用知识武装自己。这样,才能够不断地充实自己,完善自己,来适应工作和时代的要求。

日本明治维新时,功臣之一的坂本龙马常和西乡隆盛长谈,坂本的谈话内容和观念每次都有一点改变,使西乡隆盛每次的感受也都不一样。西乡隆盛很不理解,坂本龙马就说:"孔子说过'君子从时',时间不停地流转,社会情势也天天在变化,昨天的'是'成为今天的'非',乃是理所当然的。我们从'时',便是行君子之道。"又说:"西乡先生,你对一个事物一旦认为永远不变,就从头到底遵守到底,将来你一定会变成时代的落伍者。"

不断改进,如果成为一种习惯,将会受益无穷。一名不断改进的职员,他的魄力、能力、工作态度、负责精神都将会为他带来巨大的收益;一个不断改进的老板,不但会感染自己的员工与他一同改变日常的工作,还能让自己的事业每天都向前滚动、壮大。

一桶新鲜的水,如果放着不用,不久就会变臭;一个经营良好的商店,老板和员工如果不时刻作出更新的改进,这个商店的经营也必定会逐渐地衰退。一个积极的成功者,每天在工作之中都要求自己有所改变。他害怕退步,恐惧落伍,因此,总是自强不息地力求让自己每天的工作都有所改进。因为他明白这是一种自我超越式的修炼。

在人生的旅途中,要不断地完善自我,不断地向成功的目标前进,最重要的就是自我改变,改变自己的无知,提升自己的能力,这样常常会给我们带来意想不到的收获。

02   积极的思考

我们的一切思想活动都来源于大脑,大脑是我们每个人自身最宝贵的资源,充分发挥大脑的作用,会给我们带来无尽的财富。遇事时积极的思考,任何难题都会迎刃而解。

有一位军阀每次处决死刑犯时,都会让犯人选择:一枪毙命或是选择从左墙的一个黑洞进去,命运未知。

所有犯人都宁可选择一枪毙命也不愿进入那个不知里面有什么东西的黑洞。一天,酒酣之后,军阀显得很开心。旁人很大胆地问他:"大帅,您可不可以告诉我们,从这黑洞走进去究竟会有什么结果?"

"没什么啦!其实走进黑洞的人只要经过一两天的摸索便可以顺利地逃生了,人们只是不敢面对不可知的未来罢了。"军阀回答。

生活中的每一刻我们都在不停地遇到问题,解决问题。从卧室里床的位置,到办公桌上没有答复的信件;从获得升迁的方式,到是否把钱存到一个国家银行中;从要不要自己开餐厅,到晚饭吃什么。大概惟一不需要你动用智慧做出决定的时候就是你进入梦乡时。

因此,你也就不难理解为什么人们如此重视逻辑和思维能力。如果大脑不能将大量资源分配给逻辑能力,那么你就无法从大量或大或小的判断和选择当中解脱出来,这些资源也将无法为你所用。

习惯决定成败

　　纽约电话公司的总经理麦卡罗在年轻时是一个幼稚的孩子，他那种非常易于受欺骗的情形几乎远近驰名。他只知道依靠别人而且绝对地依赖别人，自己从不动脑思考。他那时是在火车站的车道上做各种零碎的工作。

　　一个下午，位于山岩与河流之间的西岸车站热得就好像锅炉一样。有一个名叫比尔哥林斯的工头叫麦卡罗去拿一点"红油"以备点红灯之用，他说"红油"是在离那儿一里远的圆房子里。麦卡罗很恭敬地听了工头的话，便向圆房走去。到了圆房子里，他就向那里的人要"红油。"

　　"红油？"那里的职员十分奇怪地问，"做什么用的？"

　　"点灯用的。"麦卡罗解释说。

　　"啊，我晓得了。"那个职员心中明白了，"红油是在过去那个圆房子的油池里。"

　　于是麦卡罗又在那滚烫的焦煤渣上走了一里之远。那里的人告诉他"红油"并不在那里，而且不晓得究竟是在什么地方，最好到站长的办公室去问问，于是麦卡罗又抬起脚走了。

在火热的太阳下,他就这么走来走去地走了一个下午。最后他着急了,便跑去问一个年老的工程师,这个慈祥的老工程师很怜悯地望着他说:"孩子呀!你不晓得那红光是红玻璃映出来的吗?你现在回到工头那里找他算账去!"

麦卡罗这才恍然大悟,原来他被人玩弄了。通过这件事,他彻底醒悟过来,他决心将来做事要眼睛耳朵都灵活些,而且脑袋瓜也不再只用来放帽子。

麦卡罗也得到了一个很重要的教训:不可轻信他人。但他也并未陷入另一个极端,对每个人都妄加猜疑。

对某一客观事物,你是如何思考的,你就有什么样的看法;你有什么看法,就会得到什么样的结果。

生活中的很多事情,只要你变通一下思维,就可以变不可能为可能。逆向思维能给你以新的思路,逆向而往,走一着险棋往往可以带来与众不同的胜局。

德国奔驰汽车公司的成功经验就是采取了逆向思维的办法。他们走出的险棋是:当本行业都在降低成本,降低产品价格时,奔驰公司却在提高质量的基础上,大幅提升价格。

很早以前,奔驰汽车就已凭借其雄厚的实力而占据世界汽车市场。世界上最早的一辆汽车叫奔驰,奔驰公司的创始人卡尔·本茨和哥特里普·戴姆勒正是汽车的创始者。而到了埃沙德·路透的时候,这个满怀壮志的德国人,决定要采取另一种竞争方式来稳固奔驰的地位。

"奔驰车将以两倍于人的价格出售",这话说起来就像唱山歌一样动听,做起来难度之大可想而知。然而路透似乎早已下定了决心,他知道如果不想尽办法提高奔驰车的质量,在以后越来越激烈的竞争中势必适应不了风云变幻的市场变化,靠老牌子吃饭是支持不了多久的,而他作为奔驰公司的总裁,有责任为奔驰开辟新的发展道路。

为了激励全体员工来共同实现这一新的目标,路透决定到车间和试验场去亲身体验。他当然知道这逆道而行的一步如果成功,将给奔驰公司带来多么高的荣誉,但他更清楚这一步一旦失足会有多么大的损失。他必须鼓起所有的士气走好这一步险棋。

路透和他所率领的公司一直都能适应市场的变化。在奔驰600型高级轿车问世之前,路透便对他的技术专家们说:"我最近想出了一则很优秀的汽车广告,当然是为咱们奔驰想的。这则广告是:'当这种奔驰轿车行驶的时候,最大的噪音来自于车内的电子钟。'我准备把这种奔驰车定价为17万马克。"专家们当然明白总裁的意思,却仍不免大吃一惊:17万马克,买普通轿车要买好多辆!

也许是总裁的表现感动了那帮专家,他们废寝忘食地工作,以惊人的速度把成功的新型优质奔驰轿车梅塞德斯献给了埃沙德·路透。路透从病床上爬起来的第一道命令便是宣布将奔驰轿车的价格提高一倍。这个命令不仅让整个西德震惊,更是让全世界的汽车业界人士惊惶不已。

路透的愿望很快变成了现实,闻名世界的高级豪华型小轿车奔驰600问世了,它成了奔驰轿车家族中最高级的车型,其内部的豪华装饰,外部的美观造型,无与伦比的质量都令人叹为观止。很快,各国的政府首脑、王公贵族以及知名人士都竞相挑选奔驰600作为自己的交通工具,因为,拥有奔驰不仅仅是财富的象征,也是尊贵地位与身份的象征。

现在,奔驰汽车公司已是德国汽车制造业最大的垄断组织,也是世界商用汽车的最大跨国制造企业之一,奔驰汽车以优质高价著称于世,历经百年而不衰。

路透采取逆向思维的办法给了我们某种启示:当很多人在往同一条路上挤的时候,只要你拥有足够的实力和信心,另谋一条明智的出路,也许会达到殊途同归的目的,而且你看起来也轻松得多。

其实,在我们每个人的心中都有一把锁,它锁住了许多重要的东西,这把锁就是固定思维。遇到事情时,应该多思考,打开固定的思维这把锁,就可能离成功更近一些。事物的本身并不影响人,影响人的主要是对事物的态度。积极思维者得到积极的结果;消极思维者得到消极的结果。有什么样的思维方式,就会有什么样的人生走向。

思维定式会使人把对事物的观点、分析、判断都纳入了程序化、格式化的套路,这时,何不在思维过程中改变一下看问题的角度,为自己的惯性思考加些创意?

创新能力,又称为"原动力""点子能力""发明能力",是每个新点子和白日梦的源泉。例如,如何终止一个冗长的会议以便按时赴约,如何巧妙地告诉同事他的口臭很严重,如何应付突如其来的 300 万产品的订单,如何在经常堵车的时候按时赶到办公室,如何对心爱的人说"对不起"等等。作为人的本能之一,创新能力是如此重要,而在人们眼中又是如此平常,所以人们在动用它的时候,常常意识不到它的存在。

我们的祖先在从一个山洞迁移到另一个山洞时,就具有这种能力,对他们来说,新的危险和新的机遇常常相伴而来。直到人类成长为足智多谋的物种时,其创新能力的发展才告一段落,但在解决困难方面,人类的创造力再次表现出来。

有位富商在退休之前,将三个儿子叫到跟前,对他们说:

"我要在你们三个人之中,找一个最有生意头脑的人,来继承我的事业。现在我各给你们一万块钱,谁能拿这笔钱把一间空屋填满,谁就能赢得我的全部财产。"

大儿子买了一棵枝叶茂盛的大树拖回空屋里,将屋子占了大半空间。

二儿子买一大堆草,也将空屋填了大半。

小儿子只花几元钱,买回来一根蜡烛。等到天黑了,他把父亲请到空屋来,点燃了那支蜡烛说:"爸爸,您看看这屋子还有哪个角落没有被这支蜡烛的光照到?"

富商看了非常满意,就让小儿子继承了事业。

人类的任何一次进步的背后,其实都离不开创新能力。用燧石敲击含有铁矿的岩石以产生火花,这也许是逻辑能力在起作用,但如果没有创新能力,人们就不会在聚居的营地当中点起火堆。商业上的很多发明,比如 Windows 操作系统、跨国公司等,也都是创新能力的结果。

怎样把创新能力运用在工作上并取得成功,将梦想变为现实,奥斯本以他的亲身经历讲述了其中的道理:

"自从我投身报业,就一直在从事广告创作,而那就意味着创意。从画图员做起,我已是 1000 多名员工的公司老总,我的许多职员都比我更有天赋。我所取得的所有创造性的成功都归功于我的一个信条:创造力是可以从努力中汲取的,而且我们也有方法来控制我们的创造性思维。"

"创造性的努力比金钱的收益更多。一个小小的创意就能让你一年有 50 万的收入。"当桑福德·克卢特首先发现了一种防止衣服缩水的方法时他还嘲笑这一预言,但后来的事实证明,克卢特所在的公司光靠他发明的桑福德工艺专利每年收益就高达 500 万美元。有些人对亨利·福特嗤之以鼻,认为他终生就只有一个独创的想法。是的,但那是一个伟大的想法:怎样使汽车便宜到让大众都买得起,从这一个想法上他挣到了比任何人都更多的钱。

一个成功的销售人员必须学会运用他的想象力,并且有意识地、明确地运用,想一想他可以为每一个顾客做什么。各种销售要求的策略是不同的,大量的销售构想可以将一个小贩变成一个销售大家。

创造力可被分解为以下三个部分:

1. 敏锐地感觉到存在的问题;

2. 迅速提出解决方案;

3. 解决问题时做到灵活、善变。

世界上因创造力而获得成功的人简直就是不胜枚举。要想拥有创造力就要提高这三个方面的素质。

汤姆·比德斯被誉为"管理大师级的大师",他的"创新意识指数"超过其他商业领袖两倍,因此获得"商业领袖"的称号。比尔·盖茨指出"创造力是作为领导人最重要的品质"。被《财富 500》评为世界级咨询家的托尼·罗宾斯也认为"创造力是所有想获得成功的人应该具备的基本素质"。

这种创造力并不是百万富翁、艺术家或者工匠们的专利。其实每个人都具有创造力,而且具备实现任何梦想的能力。创造力还能使你轻松解决每天面临的困难。

根据《创造力研究》杂志的创办人马克·兰克的研究,儿童在绘画、游戏和讲故事时都表现出很强的创新意识。但是,到 7 岁时,绝大多数孩子都失去了创造的冲动。很明显,这是接受学校教育的第一年,正是学校教育使多数孩子远离了创造的原动力。

这种创造力的丧失并不令人吃惊。因为它发生在接受学校教育的孩子们的身上。"我们把这些孩子分成小组,让他们坐在课桌前,要求他们在发言之前必须举手。我们过分强调服从和秩序,却惊诧于孩子们为什么变得如此缺乏创造力。"使你远离创新能力的另一个原因是你总是自卑地以为具有创造力的人都是高智商者。既然自己的智商没那么高,就不可能拥有这样的创新能力。但是事实证明,那些非常成功的作家、画家、音乐家、科学家、商人以及其他富有创造能力的人士并不比你聪明多少。

发展心理学家大卫·亨利·费尔德曼曾经在图普茨大学主持心理学研究项目。他说:"所有人都具有创造能力。他们具有把内心的梦想变为现实的所有能力。"

苹果公司的成功也是一个创造力发挥作用的典范。它推出的使用方便的绘图软件为他们赢得了大量客户。苹果发明的色彩丰富的 IMAC 系统更是为公司带来了巨大成功。创新精神也是时代—华纳和美国在线能够成功合并的重要推动力。

任何成功首先来源于独特的创造力。而拥有创造力的人往往是那些在生活中善于观察、勤于思考的人。所以说,创造归根结底还是取决于思考,积极的思考。

拿破仑·希尔说:"思考能够拯救一个人的命运。"当你处于消极状态的时候,用思考转换感觉,调整方向,是自我慰藉的惟一方法。一个人如果能积极的思考,这对他成长将是大有益处的。成大事者的习惯是:宁肯在思考上费尽力气,也不能不加思考地去随意行事。

03　重视细节

20世纪中期世界上最著名的四位现代建筑大师之一密斯·凡德罗在被要求用一句最概括的话来描述他成功的原因时,他只说了五个字"魔鬼在细节"。他反复强调说,如果对细节的把握不到位,就不能称之为一件好作品。细节的准确生动可以成就一件伟大的作品,细节的疏忽也可打败一个宏伟的计划。可见,重视细节至关重要。

早晨刷牙时,经常会把牙龈刷出了血,在一般人看来,牙刷不好用只是一件司空见惯的小事,所以很少有人会去想办法解决这个问题,机遇也就从身边溜走了。而加藤不仅发现了这个小问题,而且对这个小问题进行细致分析,终于成就了独特的、极富竞争力的狮王牌牙刷。

细节具有非凡的魅力,它存在于我们生活中的一切行为里。我们说过的每一句话,做过的每一件事,一举手一投足,全部都由细节构成。细节往往能暴露很多人们刻意要隐藏起来的东西。可以说,在所有事情上,细节是手段,是过程,是投入;而完美是结果,是结局,是目标的表现。

一叶知秋,小中见大。成功往往从重视做好每一个细节中获得;而失败常常从忽视非常细小的地方开始。

而一个人要想真正扮演好自己在工作中充当的那个角色,就不可小觑任何一个细节。工作中的每一件小事、每一个细节都值得你全力以赴,尽职尽责,认真地完成。因为,细节决定成败。

成也细节,败也细节。其实,成功有时候很简单,它往往就在一瞬间,而需要的只是你对细节的关注重视。

工作中有些员工会觉得,日复一日地干一些简单枯燥的事情,整理一些琐碎的资料会很无聊。这时他难免会想:"为什么不能尽我之才,为什么总让我干那么繁杂的事呢?"他可能因此而消极地对待工作,办事开始

拖拉,因为他认为凭他的能力轻易就能完成,在最后时刻再干都不迟。但正是这些想法,使得许多优秀员工无法顺利完成任务或者惹下麻烦耽误事情。我们可以留意一下自己和身边的新员工,看看是否在为琐碎小事和自认为无聊的工作而应付了事,是否认为上班是一件苦差事。其实,企业正是用这些小事情来不断地考验和提升我们!只有在这些看似简单其实复杂的"考题"中顺利通过,我们才会不断得分,最终迎来职场生涯的辉煌。

没有甘于平凡的精神、没有认真做好每一细节的态度,又怎么能让老板和上司们对你有信心,从而让你承担更重要的责任呢?我们每个人应该认识到,这样的"考题"总是通过一些细节展现在我们面前,因此,处理细节的能力也是评定员工能力的主要标准之一。

04 让他一步又何妨

人生之所以多烦恼,皆因遇事不肯让他人一步,总觉得咽不下这口气,这是很愚蠢的做法。让他人一步,不是怯懦,而是一种智慧。因为懂得"让"的人,其实是为自己让路。

生活在凡尘俗世,难免与人磕磕碰碰,难免遭别人误会猜忌。你的一念之差和一时之言,也许别人会加以放大和责难,你的认真和真诚,也许会被别人误解和中伤,但如果非要以牙还牙拼个你死我活,如果非要为自己辩驳澄清,只可能导致两败俱伤。

真正有远见的商家,绝不会只顾做眼前的一笔生意。在他的心目中,顾客是流动的、变化的,并且不停地把正、反两方面的信息向外传播。任何一个顾客,既有可能成为自己固定的长期客户,也有可能成为匆匆而去的看客,而任何一个看客都有可能转化为明天的顾客。无论是看客还是顾客,都会成为企业质量、形象优与劣的传播媒介,为企业日后带来或带走更多的顾客。明白了这一点,商家就会很自觉地在服务态度上下工夫。

与人的交往出现障碍时,一定要采取温和的方式,控制好自己的脾气。千万不要与人争论,不要表现出轻蔑的态度或对人大吼大叫。一旦与人争执,你就等于是输掉了。因为此时你已无法控制自己,失去了风度、失去了远见,更重要的是,你丢掉了真正的目标:那就是说服、帮助与激励对方。

卡耐基曾经说过:"从争论中所得到的最大好处,莫过于学会如何避免争论。避开它,如同避开响尾蛇或大地震。你要明白,十次争论中有九次,都是让对方越发坚信自己是对的。"

歌剧男高音甄·皮尔士的婚姻差不多有 50 年之久了。一次他说:"我太太和我在很久以前就订下了一项协议,不论我们对对方如何地愤怒不满,都一直遵守着这项协议。这项协议是:当一个人大吼大叫的时候,另一个人就应该静听——因为如果两个人都大吼大叫,就没有沟通可言了,有的只是噪音和横飞的唾沫。"

而睿智的本杰明·富兰克林也说的:"如果你老是抬杠、反驳,也许偶尔能获胜,但那是空洞的胜利,因为你永远得不到对方的好感。"

真正赢得胜利的方法不是争论而是"让","让"并非懦弱,而是于从容中冷嘲或蔑视对方。争论要不得,甚至连最不露痕迹的争论也要不得。所以,应该好好衡量一下,是要口头上的、表面的胜利,还是要别人对你的好感?

无论如何都要让对方一步。这可能表示你必须间接而委婉地指出错误,或者意味着谈话暂时没法取得进展,你只能另找时间再谈。不论是哪一种情况,你都必须保持平和的心态,尽量温和低调地处理,不要得理不让人,尤其不要对别人进行人身攻击。即便有人不能完全同意你的观点,只要你耐心地阐述理由,还是可以赢得对方的好感。可是如果你高高在上、态度强硬,粗暴地使用一些诸如"没用""愚蠢""糟透了"之类的字眼,就绝不可能说服别人接受任何意见。

欧哈瑞是纽约怀德汽车公司的前明星推销员。对于自己的成功,他曾深有感触地说:"做推销员,难免会遇到一些尴尬的场面。比方说,你满怀热情地走进顾客的办公室,对方却毫不客气地说:'什么? 怀德卡车? 有没有搞错! 你送我我都不要,我要的是何赛的卡车。'要是过去,我一定气得发疯,偏要跟他争个高下。可现在,我就会说:'说得对,老兄! 何赛的货色的确不错。买他们的卡车绝对错不了。何赛的车是优良公司的产品,业务员也呱呱叫。'"

"这下他就没话说了,没有抬杠的余地。如果他说何赛的车子最好,我说没错,他只有住口了。他总不能在我同意他的看法后,还说一下午的'何赛的车子最好'。好,既然不谈何赛了,那么我就开始介绍怀德的优点了。"

这就是典型的"让你一步又何妨",温和的说服永远比大呼小叫的指责来得有效。

同人说话一定要温和,不能咄咄逼人,永远不要用这样的话:"这都不明白? 好,我证明给你看。"这等于是说:"我比你更聪明。等我说完了,你就得乖乖地改变看法了。"让人听了产生反感。

唐代高僧寒山问拾得和尚:"今有人侮我,冷笑我,藐视我,毁我伤我,嫌恶恨我,诡谲欺我,则奈何?"拾得答曰:"子但忍受之,依他让他,敬他避他,而苦苦耐他,装聋作哑,漠然置之,冷眼观之,看他如何结局?"这种大智大勇的生活艺术,用老子的"不争而善胜,不言而善应"这句话来评价恰如其分。

当我们错的时候,也许会对自己承认。而如果对方处理得很巧妙而且和善可亲,我们也会对别人承认,甚至以自己的坦白率直而自豪。

当人缺乏宽容的胸怀时,必须要加以改正,开始在自己的机体里注入宽容的细胞。换个角度言,宽容比尖刻更能赢得人心。

"假如你握紧双拳找上我,我想我也会不甘示弱。"伍德罗·威尔逊说道,"但是,假如你对我说:'让我们坐下来讨论讨论,如果我们意见不同,不同之处在哪里,问题的症结在哪里?'那么,我是可以接受的。我们也许只在部分观点上不同,但大部分还是一致的。只要彼此有耐心,开诚布公,还是可以达到步调一致。"

所以说,"让"是一种美德,是一种成熟的涵养,更是一种以屈求伸的深谋远虑,因此,凡是胸怀大志的人都应该学会"让他人一步"。

05 学会倾听

古希腊先哲苏格拉底说:"上天赐人以两耳两目,但只有一口,欲使其多闻多见而少言。"寥寥数语,形象而深刻地说明了"听"的重要性。

世界上充满了善谈者,但却没有那么多会说话的人。在日常生活中,言谈得体是非常必要的。言谈得体的关键之一是使他人高兴的能力;关键之二是不要垄断谈话;关键之三是帮助他人有目的的谈话。

为此,应该做到:

求同存异避免冲突;学会倾听;夸奖别人。

跟别人交谈的时候,不要以讨论异议作为开始,要以强调而且不断强调双方所同意的事情作为开始,让对方感觉到你们都是为共同的目标而努力,惟一的差异只在于方法而非目的。

要尽可能使对方在开始的时候说"是的,是的",而不要让对方老是说"不"。

这种使用"是,是"的方法,使得纽约市格林威治储蓄银行的职员詹姆斯·艾伯森挽回了一名主顾。

"那个人进来要开一个户头",艾伯森先生说,"我就给他一些平常表格让他填。有些问题他心甘情愿地回答了,但有些他则根本拒绝回答。

"在我研究做人处世技巧之前。我一定会对那个人说,如果他拒绝对银行透露那些资料的话,我们就不让他开户头,我对我过去曾采取的那种方式感到羞耻。当然,像那种断然的方法,会使我觉得痛快。因为它表现出了谁是老板,也表现出了银行的规矩不容破坏。但那种态度,当然不能让一个进来开户头的人有一种受欢迎和受重视的感觉。

"那天早上我决定采取一点实用的普通常识。我决定不谈论银行所要的,而谈论对方所要的。最重要的,我决意在一开始就使他说'是,是',因此我不反对他,我对他说,他拒绝透露的那些资料,并不是绝对必要的。

"'是的,当然',他回答。

"'你难道不认为,'我继续说,'把你最亲近的亲属名字告诉我们,是一种很好的方法,万一你去世了,我们就能正确并不耽搁地实现你的愿望吗?'

"他又说:'是的。'

"那位年轻人的态度软化下来,当他发现我们需要那些资料不是为了我们,而是为了他的时候,改变了态度。在离开银行之前,那位年轻人不只告诉我所有关于他自己的资料,而且还在我的建议下,开了一个信托户头,指定他母亲为受益人,而且很乐意地回答了所有关于他母亲的资料。

"我发现若一开始就让他说:'是,是',他就会忘掉我们所争执的事情,而乐意去做我所建议的事。"

大多数的人,要使别人同意他自己的观点时,将话说得太多了,这一

习惯决定成败

点在推销员身上体现得尤为明显,其实,这是一种错误的作法。尽量让对方说话吧,他对自己事业和他的问题,了解得比你多。所以向他提出问题,让他告诉你几件事。

如果你不同意他,也尽量不要去打断他,要耐心地听着,抱着一种开放的心胸,要做得诚恳,让他充分地说出他的看法。

让另一个人讲话,不但有助于处理商场上的业务,也有助于处理家庭里发生的事情。芭贝拉·魏尔生和她女儿洛瑞的关系不断地在恶化。洛瑞过去是一个很乖、很快乐的小孩,但是到了十几岁却变得很不合作,有的时候,甚至与魏尔生夫妇争辩不已。魏尔生太太曾经教训过她,恐吓过她,还处罚过她,但是一切都收不到效果。

一天,魏尔生太太对拿破仑·希尔说:"我放弃了一切努力。洛瑞不听我的话,家事还没有做完就离家去看她的朋友。在她回来的时候,我当然要对她大吼一番。但是我现在已经没有发脾气的力气了。我只是看着她并且伤心地说,'洛瑞,为什么会这样?'

"洛瑞看出我的心情,用平静的语气问我,'你真的要知道?'我点点头,于是洛瑞就告诉了我,开始还有点吞吞吐吐,后来就毫无保留地说出了一切情形。我从来没有听她要说的话,我总是告诉她该做这该做那。

194

当她要把她的想法、感觉、看法告诉我的时候,我总是打断她的话,而给她更多的命令。我开始认识到,她需要我不是一个忙碌的母亲,而是一个密友,让她把成长所带给她的苦闷和混乱发泄出来。过去我应该听的时候,却只是讲,我从来都没有听她说话。

"从那次以后,我让她尽量地说,她把她心里的事都告诉了我,我们之间的关系大为改善。她再度成为一个很合作的人。"

法国哲学家罗西法古说:"如果你要得到仇人,就表现得比你的朋友优越吧;如果你要得到朋友,就要让你的朋友表现得比你优越。"

这句话是一个不争的事实。因为当我们的朋友表现得比我们优越,他们就有了一种重要人物的感觉;但是当我们表现得比他还优越,他们就会产生一种自卑感,造成羡慕和嫉妒。

由此可见,倾听使人获得收益:

1. 倾听可以使他人感受到被尊重和被欣赏。

2. 倾听能真实地了解他人,增加沟通的效力。

3. 倾听可以减除他人的压力,帮助他人理清思绪。

4. 倾听是解决冲突、矛盾、处理抱怨的最好方法之一。

5. 倾听可以学习他人,使自己聪明,可以摆脱自我的局限,成为一个谦虚的受人欢迎的人。

6. 少说多听,还可以保护自己必要的秘密。

学会倾诉是人生的必修课;学会倾听你才能去伪存真;学会倾听你能给人留下虚怀若谷的印象;学会倾听,有益的知识将盛满你的智慧储藏室。"听君一席话,胜读十年书",所以,请学会倾听吧!

06　经常夸奖别人

把赞美的歌、赞美的话送给自己身边的人,这是那些具有宽广胸怀的人的做人境界。因为他们很清楚,如果一个人把获得的荣誉或成就用于自己独享,那是做人的莫大失败。

人类本性使得人们渴望得到别人的欣赏,因此我们一定要多夸奖别人。即使是用最普通最平常的语言夸奖别人,而这对于你来说,是举手之劳的事,但对于别人来说,意义却非同凡响,它可以使别人愉悦,使别人振奋甚至可以因此而改变自己的一生。

夸奖别人有两种方式,从小方面着手或从大方面着手。卡耐基对这两方面都很擅长。

在卡耐基教学课程中,有位来自匹兹堡的学生,他叫比西奇。比西奇在上课过程中似乎显得特别的笨,在每个方面都似乎差人一等。因此,他感到很沮丧。

他终于带着失望的心情来到卡耐基的办公室,对卡耐基说:"卡耐基先生,我想退学。"

"为什么?"卡耐基奇怪地问。

"我……我感觉比别人笨多了,根本学不会你的教程。"

"我觉得不是这样的,比西奇!"卡耐基说:"在我的感觉中,这半个月来,你比以前进步明显多,在我的心目中,你是个勤奋而又成功的学生。"

"真的是吗?"比西奇略带惊喜地问。

"真的是这样的! 照着这样发展,到毕业时,你一定会取得优异成绩的。"

卡耐基继续说:"在我小时候,人们都认为我是个笨孩子,那时的我是多么的忧郁! 后来,我摆脱了忧郁,同时也摆脱了'笨',你比我当年强多了!"

听了这番话后,比西奇内心深处升起了希望。他凭着自己的努力和卡耐基先生的鼓励,终于学完了全部教程,毕业时成绩虽不很优异,但对他来说已经尽力了,而且这样的成绩也足以让人刮目相看了。

比西奇毕业后,回到家乡开了一家小小的肉联厂。开厂之初,进展并不顺利,卡耐基继续写信鼓励和夸奖他:

"我觉得你办肉联厂的念头相当不错,这是个很有前途的机会,你一定会因自己的努力而获得巨大成功的。"

比西奇收到这些信后,非常的感动,同时也将这种夸奖的艺术用于自己的雇员,没想到收效很大。在经济大萧条时代,整个美国都面临着挨饿的危机,人们四处求职谋生,争取仅有的面包和土豆。

比西奇开的肉联厂虽然也受到了经济危机的冲击,生意受挫,但在那个年代里既能保持住肉联厂的生意,又可让雇员们拿到足够的工资,这不能不算是个奇迹。

比西奇后来回忆说,肉联厂之所以在经济萧条的时候存在,一是和自己及雇员兢兢业业的敬业精神有关,二是他运用了卡耐基的夸奖技巧,使自己和工人们连成一条心,厂子因而得以生存。

夸奖是一门艺术,你不一定要说得多好听,也无须说得天花乱坠,更不一定给予壮志凌云般的鼓励。其实在小方面夸奖别人是一种重要的交际手段。可以从生活、工作的各方面进行,例如:参加一个朋友的宴会,你可以夸奖忙得不亦乐乎的主妇:"你的菜炒得真好吃,你看,这么一大桌菜,几个人一下子就吃完了。"

那位主妇马上觉得自己的劳动成果有人欣赏和赞美,一天的疲劳立刻消失,同时下次宴请你时会表现得更加卖力。

如果你的下属连夜赶写一篇文章给你过目,如果写得很好,你不妨直接大胆地赞美:

"你的文章写得很棒!"

即使可能他的文章略为逊色,也不妨赞美他几句。这样会让他觉得你是一个能够信任他、重用他的好上司。

当然应将"夸奖"和"拍马屁"区别开来。夸奖是一门艺术,可以使别人和自己快乐,而"马屁功夫"则是阿谀奉承且庸俗的东西,一旦落入"拍马屁"的陷阱内,那么你的夸奖便不是成功的夸奖。

卡耐基对学员们说:"荣耀是别人赠予你的,而不是自己说什么便是什么,应自己努力去争取。"

197

习惯决定成败

卡耐基曾对他的学员说过许多因自我夸耀而导致失败的故事。

他的一位朋友和妻子最先被认为是幸福的一对，人们对他们的美满结合及婚后有一段甜蜜生活相当羡慕。

可是后来情况出现了变化，丈夫越来越不能容忍妻子了。原来他的妻子是个爱慕虚荣的人，很喜欢自我夸耀。这位女人追求社交界的名声和赞誉，并喜欢在宴会、舞会上大出风头。

而丈夫对这些浅薄的事情极度厌恶，他又不得不痛苦地陪着妻子出席一个又一个宴会、舞会，无休止地交际几乎耗光他的钱。

当这位丈夫提出不愿再参加宴会时，这位妻子立刻号啕大哭，马上歇斯底里大发作，把装着鸦片的小瓶子凑到嘴边，在地板上打滚，发誓要自杀。

这位丈夫再也忍受不了这样的生活了，他看了一眼这位曾是自己深爱过的女人，然后毅然决定和她离婚。

妻子开始以为丈夫是在开玩笑，不大在意，但得知丈夫决心已下，再也无法更改时，才非常后悔，但为时已晚了。

卡耐基说完这个故事后，意味深长地说："这种长时间的虚荣，它可以导致你永久地失去亲人和朋友。"

美国著名作家马克·吐温说:"只凭一句赞美的话,我就可以快乐两个月。"所以应该经常夸奖别人,在夸奖别人的同时也会不断地提升和完善着自己的人格。